动手玩转树莓派（微课版）

贺雪晨　刘丹丹　孙锦中　编著
王　翔　谢凯年　杨佳庆

清华大学出版社
北京

内 容 简 介

本书通过讲述树莓派(Raspberry Pi 4 Model B)上的 Python 实现，使读者在熟悉 Python 语言和许多传感器使用的同时，掌握如何使用树莓派的 GPIO 与外围硬件进行数据交互、读取硬件的工作状态、控制硬件工作等，实现树莓派与外界硬件设备的交互，通过软硬件的结合，掌握人工智能项目开发的基本方法，实现集语音识别、自动投放、溢满提醒、火情报警等功能于一体的智能垃圾分类系统。

本书可作为高等学校计算机类、信息类、电子类等专业人工智能相关课程的教材，也可供希望学习 Python、OpenCV 的读者或其他从事人工智能项目开发的工程技术人员学习参考。

版权所有，侵权必究。举报：010-62782989，beiqinquan@tup.tsinghua.edu.cn。

图书在版编目(CIP)数据

动手玩转树莓派：微课版/贺雪晨等编著. -- 北京：清华大学出版社，2025.6.
ISBN 978-7-302-69449-6

Ⅰ. TP311.561

中国国家版本馆 CIP 数据核字第 2025X8G155 号

责任编辑：汪汉友
封面设计：何凤霞
责任校对：李建庄
责任印制：宋　林

出版发行：清华大学出版社
网　　址：https://www.tup.com.cn, https://www.wqxuetang.com
地　　址：北京清华大学学研大厦 A 座
邮　　编：100084
社 总 机：010-83470000
邮　　购：010-62786544
投稿与读者服务：010-62776969, c-service@tup.tsinghua.edu.cn
质量反馈：010-62772015, zhiliang@tup.tsinghua.edu.cn
课件下载：https://www.tup.com.cn, 010-83470236

印 装 者：三河市龙大印装有限公司
经　　销：全国新华书店
开　　本：203mm×260mm
印　　张：10.5
字　　数：297 千字
版　　次：2025 年 7 月第 1 版
印　　次：2025 年 7 月第 1 次印刷
定　　价：49.00 元

产品编号：094460-01

前言
PREFACE

  人工智能是国家新兴战略产业中信息产业发展的核心领域。作者团队在校企合作教书育人过程中，通过与企业工程师共同探讨，完成了基于人工智能应用场景的实践教学，经过近几年卓越工程师班的教学实践，教学效果良好。

  本书由上海电力大学"嵌入式智能技术"产教融合教学团队编写，是上海市2019年高校本科重点教学改革项目"基于人工智能应用场景的产教深度融合实践教学改革与探索"的成果，也是2019年上海市高水平应用型大学建设上海电力大学重点教改项目"新工科背景下卓越工程师培养模式探索"的成果。

  本书共分4章，前3章主要讲解基本知识，第4章为具体项目实践。具体内容安排如下。

  第1章介绍树莓派的安装使用。

  第2章介绍Python程序的编写和OpenCV的基础内容，包括人脸检测、人脸比对、运动检测等内容。

  第3章介绍如何使用树莓派的GPIO与硬件的交互，包括LED、继电器、蜂鸣器、各类开关、各类模拟传感器和数字传感器等内容。

  第4章介绍智能垃圾分类系统项目的设计制作，综合前3章的内容和语音识别技术，实现了语音识别、自动投放、溢满提醒、火情报警等功能。

  实践项目案例会不断更新，有兴趣的读者可以与作者进行探讨。

  由于作者能力有限，书中难免有所遗漏，恳请同行专家及读者批评指正。

作 者

2025年4月

学习资源

目录

第 1 章　树莓派安装使用　/1

- 1.1　烧写镜像文件至 SD 卡 ··· 2
  - 1.1.1　格式化 SD 卡 ··· 2
  - 1.1.2　烧写镜像文件 ··· 2
- 1.2　启动树莓派 ··· 4
  - 1.2.1　通常情况 ··· 4
  - 1.2.2　开机直接进入树莓派系统的情况 ·· 5
- 1.3　PuTTY ·· 5
- 1.4　VNC Viewer ·· 8
  - 1.4.1　通常情况 ··· 8
  - 1.4.2　无法连接 VNC 的情况 ··· 8
  - 1.4.3　分辨率不匹配情况 ··· 9
  - 1.4.4　树莓派菜单配置 ··· 10
- 1.5　文件传输 ··· 11
- 1.6　Linux 常用命令与文本编辑 ·· 12
  - 1.6.1　常用命令 ··· 12
  - 1.6.2　文件与目录管理 ··· 12
  - 1.6.3　文本编辑 ··· 14

第 2 章　编程基础　/16

- 2.1　Python 快速入门 ·· 16
  - 2.1.1　Python 程序编写 ·· 16
  - 2.1.2　方法 ··· 17
  - 2.1.3　循环 ··· 17
  - 2.1.4　分支 ··· 18
- 2.2　Python 语法基础 ·· 19
  - 2.2.1　变量 ··· 20
  - 2.2.2　值和类型 ··· 21
  - 2.2.3　结构体 ··· 24
  - 2.2.4　控制程序流程 ··· 26
  - 2.2.5　函数 ··· 29

		2.2.6	类	30
		2.2.7	模块	33
	2.3	OpenCV 基础		34
		2.3.1	图像读写	35
		2.3.2	图像处理	37
		2.3.3	视频捕获	46
		2.3.4	保存视频	46
		2.3.5	人脸检测	47
		2.3.6	给人脸带上表情	48
		2.3.7	人脸比对	49
		2.3.8	运动检测	52
		2.3.9	KNN 背景分割器	54

第 3 章　树莓派的 GPIO　/56

	3.1	LED		57
		3.1.1	七彩 LED	57
		3.1.2	双色 LED	58
		3.1.3	RGB LED	64
	3.2	继电器		66
	3.3	激光发射模块		69
	3.4	开关		71
		3.4.1	轻触开关	71
		3.4.2	倾斜开关	74
		3.4.3	振动开关	76
		3.4.4	干簧管	79
		3.4.5	触摸开关	81
	3.5	U 型光电传感器		84
	3.6	蜂鸣器		86
		3.6.1	有源蜂鸣器	87
		3.6.2	无源蜂鸣器	88
	3.7	模拟传感器		93
		3.7.1	模数转换传感器	93
		3.7.2	雨滴传感器	97
		3.7.3	PS2 操作杆	100
		3.7.4	电位器	102
		3.7.5	霍尔传感器	104
		3.7.6	模拟温度传感器	107
		3.7.7	声音传感器	111
		3.7.8	光敏传感器	114
		3.7.9	火焰传感器	115

  3.7.10　烟雾传感器 …………………………………………………………… 118
3.8　超声波传感器 …………………………………………………………………… 122
3.9　旋转编码传感器 ………………………………………………………………… 124
3.10　陀螺仪加速度传感器 …………………………………………………………… 127
3.11　红外避障传感器 ………………………………………………………………… 130
3.12　循迹传感器 ……………………………………………………………………… 132
3.13　数字温湿度传感器 ……………………………………………………………… 134

第 4 章　智能垃圾分类系统的设计与实现　　/139

4.1　智能垃圾分类系统简介 ………………………………………………………… 139
4.2　智能投放模块 …………………………………………………………………… 140
  4.2.1　智能投放模块架构 ………………………………………………………… 140
  4.2.2　语音识别部分 ……………………………………………………………… 141
  4.2.3　机械控制部分 ……………………………………………………………… 144
4.3　语音交互模块 …………………………………………………………………… 148
  4.3.1　语音交互模块架构 ………………………………………………………… 148
  4.3.2　语音交互模块实现 ………………………………………………………… 148
4.4　满溢报警模块 …………………………………………………………………… 149
  4.4.1　满溢报警模块架构 ………………………………………………………… 149
  4.4.2　满溢报警模块实现 ………………………………………………………… 149
4.5　火情报警模块 …………………………………………………………………… 152
  4.5.1　火情报警模块架构 ………………………………………………………… 152
  4.5.2　火情报警模块实现 ………………………………………………………… 152
4.6　可选方案：通过 Arduino 板连接伺服电动机 …………………………………… 154
  4.6.1　树莓派与 Arduino 通信 …………………………………………………… 154
  4.6.2　Arduino 与伺服电动机通信 ……………………………………………… 157

参考文献　　/160

第 1 章　树莓派安装使用

　　Raspberry Pi 基金会是注册于英国的一家慈善组织。树莓派是由该组织开发的一款智能产品。2012 年 3 月,英国剑桥大学埃本·阿普顿(Eben Epton)正式发售了世界上最小的台式机。该机又称"卡片式电脑",虽然外形只有信用卡大小,但却具有计算机的所有基本功能。这就是 Raspberry Pi,中文译名"树莓派"。

　　树莓派基金会在 2019 年 6 月 24 日正式发布了 Raspberry Pi 4 Model B,在硬件性能方面有了巨大的提升,主要体现在以下方面。

　　(1) 采用四核 64 位 ARM Cortex-A72 架构的 CPU(树莓派 3 是四核 A53),型号为博通 BCM2711 SoC,主频达 1.5GHz,整体性能与上一代相比性能提升 3 倍,多媒体性能提升 4 倍。

　　(2) 首次搭载了最大容量为 4GB 的 LPDDR4 内存(可选 1GB、2GB 或 4GB)。

　　(3) 可连接千兆以太网。

　　(4) 可双频连接 IEEE 802.11ac 无线网络。

　　(5) 使用了蓝牙 5.0 技术。

　　(6) 配备了两个 USB 3.0 和两个 USB 2.0 口。

　　(7) 支持双显示器,分辨率高达 4K(3840×2160 像素)。

　　(8) 采用了 VideoCore VI GPU,支持 OpenGL ES 3.x。

　　(9) 支持硬件解码 4K、60Hz 的 HEVC 视频。

　　(10) 几乎可兼容所有以往创建的树莓派项目、配件和应用,100% 向后兼容,不必担心软硬件和配件的生态问题。

　　4B 与 3B+的性能对比如表 1.1 所示。

表 1.1　4B 与 3B+的性能对比

配置	树莓派 4B	树莓派 3B+
CPU	1.5GHz、4 核 Broadcom BCM2711B0 (Cortex A-72)	1.4GHz、4 核 Broadcom BCM2837B0 (Cortex A-53)
内存	1GB、2GB 或 4GB DDR4	1GB DDR2
GPU	500MHz VideoCore Ⅳ	400MHz VideoCore Ⅵ
视频输出口	双 micro HDMI	单 HDMI
最大分辨率	4K、60Hz、1080p 或双 4K、30Hz	2560×1600
USB 口	2 个 USB 3.0、2 个 USB 2.0	4 个 USB 2.0
有线网络	千兆以太网	330Mb/s 以太网
无线网络	IEEE 802.11ac(2.4/5GHz)、蓝牙 5.0	IEEE 802.11ac(2.45GHz)、蓝牙 4.1
充电口	USB Type-C	micro USB
电源要求	3A、5V	2.5A、5V
尺寸	3.5×2.3×0.76in^3(88×58×19.5mm^3)	3.2×2.2×0.76in^3(约 82×56×19.5mm^3)
重量/g	46	50

随着新版本硬件性能的提升,树莓派的实用性大大增强,受到全球大量使用者的青睐。例如,能够在同时打开 15 个标签页的情况下仍然浏览网页、进行轻量级图像编辑、处理文档和电子表格等。

早期的树莓派设备,只能使用低帧率的摄像头进行简单的目标检测。硬件更新后带来的性能提升,强化了树莓派的推理和机器学习能力,利用优化过的框架,使处理目标识别任务的速度比上一代提升了 70%,让实时的人脸识别和物体识别成为可能。

树莓派官方表示,这次升级是树莓派首次为大多数用户提供堪比 PC 级别性能的硬件,并保留了树莓派的端口功能和可编程性。这让树莓派成了一个"无所不能"的存在,既可以用它做机器人、游戏机,也可以把它打造成智能家居系统的中枢、服务器等。

树莓派的官方网站(https://www.raspberrypi.org/)就是运行在 18 个树莓派 4B 所构建的服务器集群上,72 核心、72GB 内存,功耗不到 100W,1/2U 的空间需求(U 是一种表示服务器外部尺寸的单位,是 unit 的缩略语,1U=4.445cm),零售价不到 1000 美元。

本书所需的树莓派型号为 4B、3B+ 或 3B,另外需要 8GB 以上 TF 卡以及 USB 接口的 TF 卡读卡器。

1.1 烧写镜像文件至 SD 卡

开始工作前,需要先到官网下载树莓派镜像(购买树莓派时商家一般都会提供),然后将镜像文件写入 SD 卡。

1.1.1 格式化 SD 卡

SD 卡使用前需要格式化,步骤如下。

(1) 将 SD 卡插入 USB 接口的 TF 卡读卡器中,用 SDFormatter 软件对 SD 卡进行格式化。注意,不能用 Windows 自带的格式化工具。

(2) 在 PC 中运行 SDFormatter 软件,在如图 1.1 所示的窗口中选择要格式化的 SD 卡的盘符,图中为 F 盘。随着计算机中硬盘数量的不同,盘符会发生变化。单击"格式化"按钮,进行格式化。

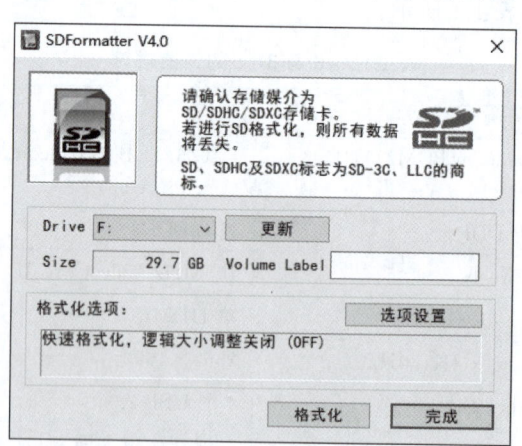

图 1.1 格式化 SD 卡

1.1.2 烧写镜像文件

镜像文件烧写步骤如下。

(1) 运行 win32diskimager,出现如图 1.2 所示的窗口,在其中选择镜像文件(下载的树莓派镜像

img 文件)和 SD 卡所在的设备位置。

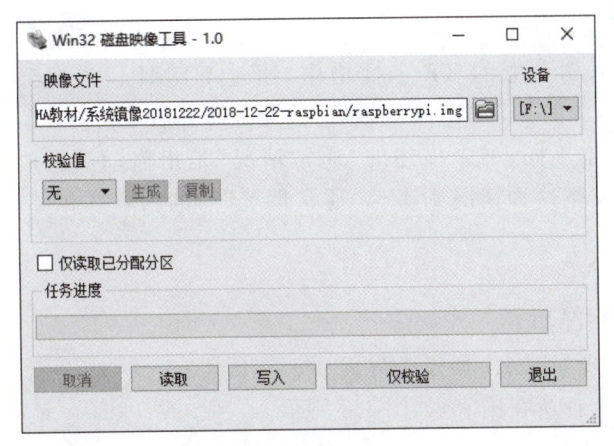

图 1.2 写入 SD 卡

(2) 单击"写入"按钮,进行写入。写入成功后单击"退出"按钮,出现如图 1.3 所示的确认框,单击"取消"按钮即可(F 盘是 boot 分区,G 盘是树莓派的系统文件分区)。

树莓派的官方系统是基于 Debian 的(Debian 和 Ubuntu 是有史以来最具有影响力的两大 Linux 发行版),主要有两个分区:启动分区 boot 和根分区 root。boot 分区是 FAT32 格式,如图 1.4 所示,用于存放一些系统启动需要的基本文件,包括内核、驱动、固件(firmware)、启动脚本等;root 分区是 EXT4 格式(Linux 系统下的日志文件系统),用于存放一些安装的软件和库文件、系统配置、用户数据等。

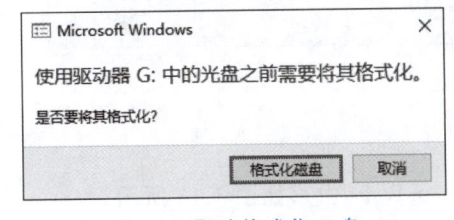

图 1.3 取消格式化 G 盘

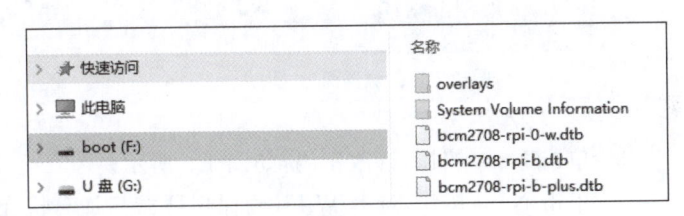

图 1.4 boot 分区

(3) 在树莓派的命令行中输入 df -h,可以查看 root 分区大小,如图 1.5 所示。

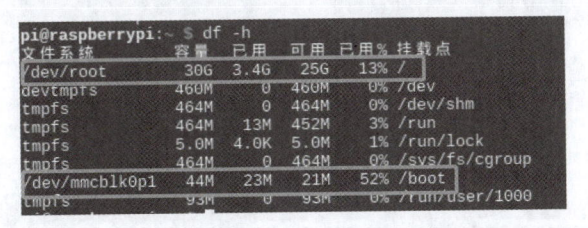

图 1.5 root 分区

(4) 在树莓派中输入 sudo fdisk -l,可以查看分区中的操作系统等信息,其中 sudo 表示以 root 身份运行,如图 1.6 所示。

图 1.6 分区信息

1.2 启动树莓派

将烧录好的 SD 卡插入树莓派的 TF 卡插槽中,通过 HDMI 口连接显示器。树莓派 4B 有两个 HDMI 口,要连接到靠近电源的 HDMI0 口。最后,接通电源并启动树莓派。

由于树莓派镜像的版本不同,书中描述的"通常情况"是指启动顺利时的情况,但也有可能会出现各种不同的问题,如果发生这种情况则参考"通常情况"后的内容或相关的"跳转"。

1.2.1 通常情况

树莓派顺利启动时的情况如下。

(1) 第一次启动时,出现如图 1.7 所示的界面。

(2) 单击 Next 按钮,选择所在国家,如图 1.8 所示。

图 1.7 启动界面

图 1.8 选择国家

(3) 单击 Next 按钮,修改密码,如图 1.9 所示。

(4) 单击 Next 按钮,选择 WiFi(确保树莓派与计算机在同一个 WiFi 中),如图 1.10 所示。

图 1.9 修改密码

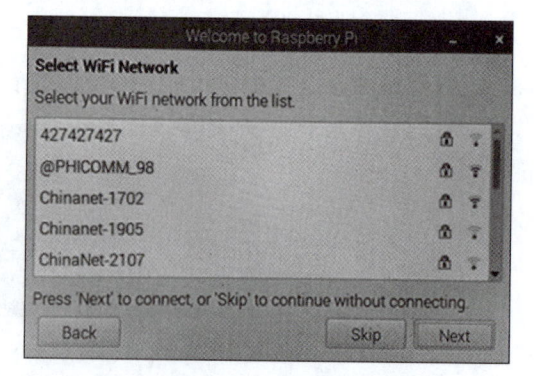

图 1.10 选择 WiFi

(5) 单击 Next 按钮,输入 WiFi 密码,如图 1.11 所示。

(6) 单击 Next 按钮,进入 Welcome 界面,如图 1.12 所示。

图 1.11　输入 WiFi 密码　　　　　　　　　图 1.12　Welcome 界面

（7）升级需要很长时间，因此选择不升级。单击 Skip 按钮，完成设置，如图 1.13 所示。

（8）单击 Restart 按钮，重启后将鼠标移到树莓派屏幕右上角 WiFi 处，记录树莓派的 IP 地址 192.168.2.228，如图 1.14 所示。

图 1.13　完成设置　　　　　　　　　　　　图 1.14　记录 IP 地址

1.2.2　开机直接进入树莓派系统的情况

有些镜像文件会直接进入树莓派系统，进入系统后只要单击右上角 WiFi（参见图 1.14 箭头位置），开启 WiFi；然后选择 WiFi 热点，输入密码即可（如图 1.10 和图 1.11 所示）。

1.3　PuTTY

因为树莓派的屏幕太小，如果希望通过计算机对树莓派进行操作，就需要打开 SSH 服务和 VNC 服务，安装 PuTTY、VNC Viewer 和 FileZila 等软件。

PuTTY 是一款免费的 Telnet、SSH、rlogin 远程登录工具，使用步骤如下。

（1）在计算机上运行 PuTTY，如图 1.15 所示，输入之前记录的树莓派 IP 地址 192.168.2.228。

（2）单击 Open 按钮，若出现如图 1.16 所示的对话框，提示无法通过 SSH 连接树莓派，是因为自 2016 年 11 月官方发布的树莓派系统镜像开始，系统默认禁用了 SSH 服务。如果不出现这种情况，则直接进入步骤(4)。

（3）关闭树莓派的电源，把 SD 卡拔出后放入读卡器中，再插到计算机的 USB 口。系统会跳出"格

图 1.15　运行 PuTTY

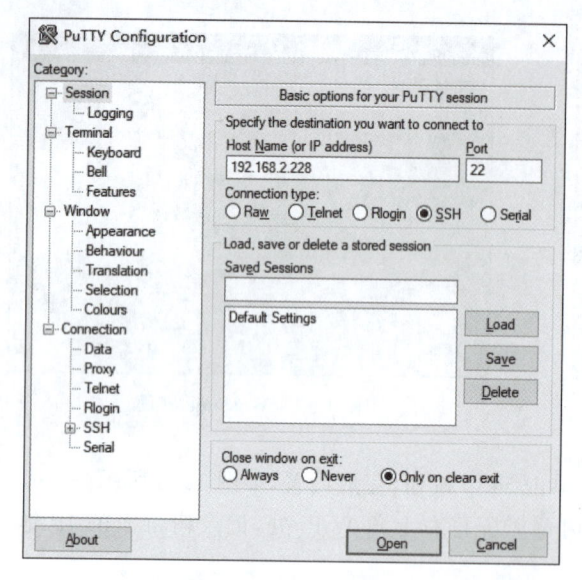

图 1.16　无法连接

式化"对话框,单击"取消"按钮,进入 boot 根目录,新建一个名为 ssh 的空白文件。注意,千万不要格式化。再次把卡插回树莓派,就可以使用 SSH 了。再次执行步骤(1),在图 1.15 中单击 Open 按钮,出现如图 1.17 所示的界面。

图 1.17　连接成功

(4) 在图 1.17 所示的窗口中输入用户名和密码。注意,输入密码时,屏幕上没有任何显示;如果已设置密码则输入该密码;如果直接进入树莓派界面,则输入树莓派默认用户名 pi 和默认密码 raspberry。按回车键后进入系统,登录成功。

(5) 输入命令"sudo raspi-config"并按回车键,进入树莓派配置工具,如图 1.18 所示。

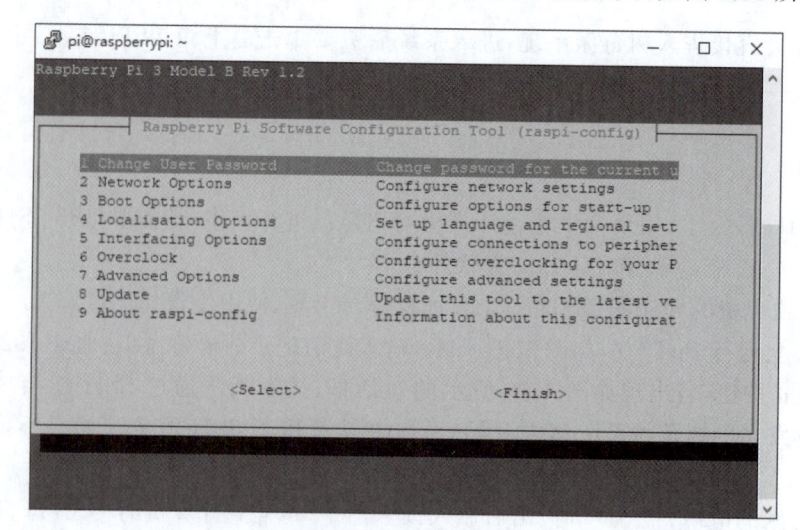

图 1.18　配置工具

(6) 通过键盘上的方向键选中 5 Interfacing Options 并按回车键,进入如图 1.19 所示的配置界面。

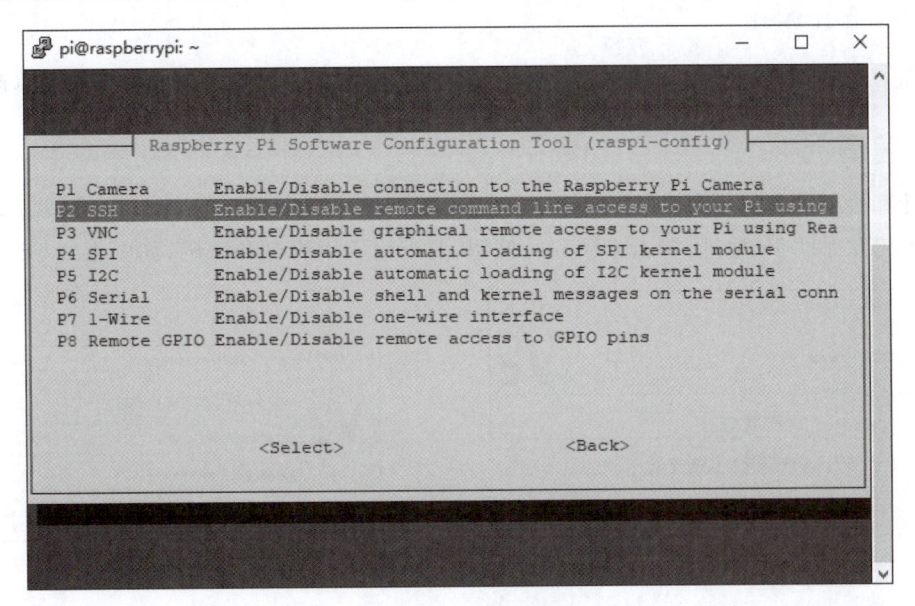

图 1.19 SSH 配置

(7) 选中 P2 SSH 并按回车键,进入如图 1.20 所示的界面。

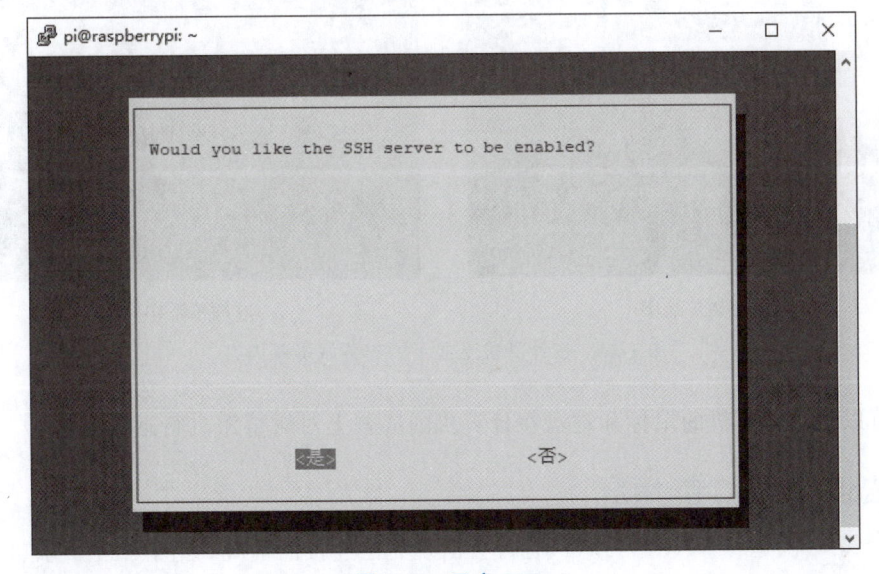

图 1.20 开启 SSH

(8) 选择"是"并按回车键,开启 SSH 服务。
(9) 回到图 1.18 的配置工具界面后,选中 5 Interfacing Options,在图 1.19 所示页面中选中 P3 VNC,开启 VNC 服务。
(10) 回到如图 1.18 所示的配置工具界面后,选中 Finish 并按回车键,返回 PuTTY。

1.4 VNC Viewer

VNC Viewer 是一款远程控制软件,其主要作用是通过它在计算机上访问树莓派的桌面。

1.4.1 通常情况

(1) 在计算机上安装、运行 VNC Viewer,出现如图 1.21 所示的界面。
(2) 输入树莓派的 IP 地址,单击 Connect 按钮,要求输入用户名和密码,如图 1.22 所示。

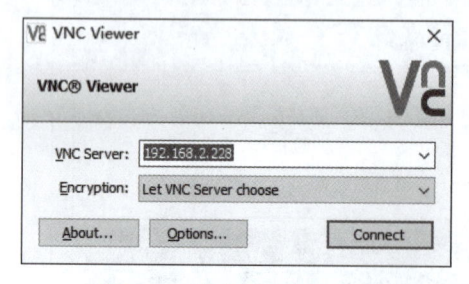

图 1.21 运行 VNC Viewer

图 1.22 登录树莓派

(3) 输入用户名和密码,单击 OK 按钮,计算机屏幕上即可显示树莓派屏幕内容,如图 1.23 所示。

(a) 树莓派3B+   (b) 树莓派4B

图 1.23 在计算机上显示的树莓派屏幕内容

此时,就可以使用计算机的鼠标和键盘在计算机的屏幕上对树莓派进行远程操作了。

1.4.2 无法连接 VNC 的情况

在计算机上第一次运行 VNC Viewer,有时会出现无法连接的情况,如图 1.24 所示。

这时,只要在 PuTTY 中执行命令 vncserver,就会出现如图 1.25 所示的信息。

注意,最后一行的 New desktop is raspberrypi:1 (192.168.2.148:1) 中,最后的数字代表此次 vncserver 创建的桌面编号,这里的编号为 1。

图 1.24 无法连接 VNC

打开 VNC 客户端,在图 1.21 中输入树莓派的 IP 以及桌面编号,192.168.2.148:1;在图 1.22 中输入用户名和密码,单击 OK 按钮,即可出现如图 1.23 所示的页面。

图 1.25　开启 vncserver

1.4.3　分辨率不匹配情况

第一次运行时，可能在计算机屏幕上无法显示树莓派屏幕内容，如图 1.26 所示。也可能出现最大化以后的树莓派屏幕内容窗口占据 VNC 显示的很小区域，如图 1.27 所示。

这时，在 PuTTY 中执行命令 sudo raspi-config，进入如图 1.18 所示的配置工具。如果执行命令后显示 command not found，则参见 1.4.4 节。选中 7 Advanced Options | A5 Resolution，结果如图 1.28 所示。

图 1.26　无法显示树莓派屏幕内容

图 1.27　树莓派屏幕内容占比 VNC 很小部分

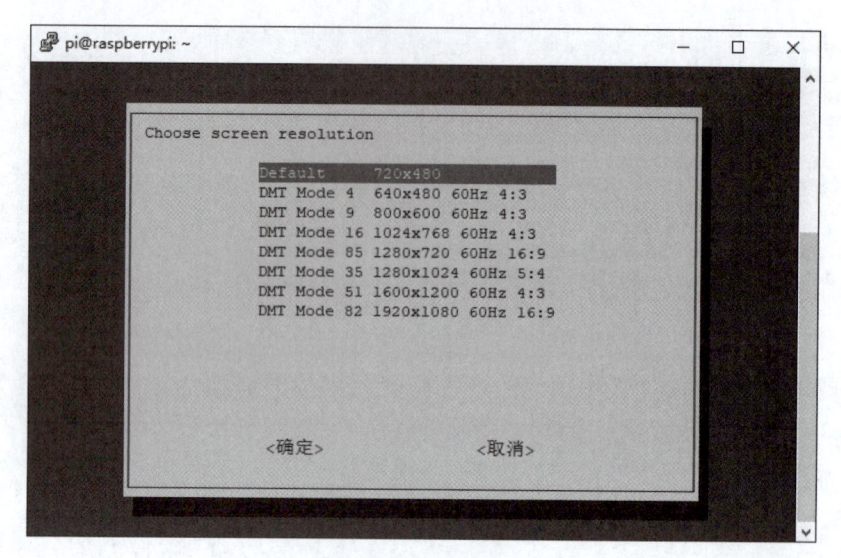

图 1.28　修改分辨率

选择合适的分辨率直至最佳匹配自己的计算机后依次按"确定""保存"和"重启"按钮退出设置。

1.4.4　树莓派菜单配置

除了使用命令行进行配置外,树莓派也可以使用菜单进行配置。步骤如下。

(1) 选中 Preferences｜Raspberry Pi Configuration 菜单项,出现如图 1.29 所示的 Raspberry Pi Configuration 对话框。

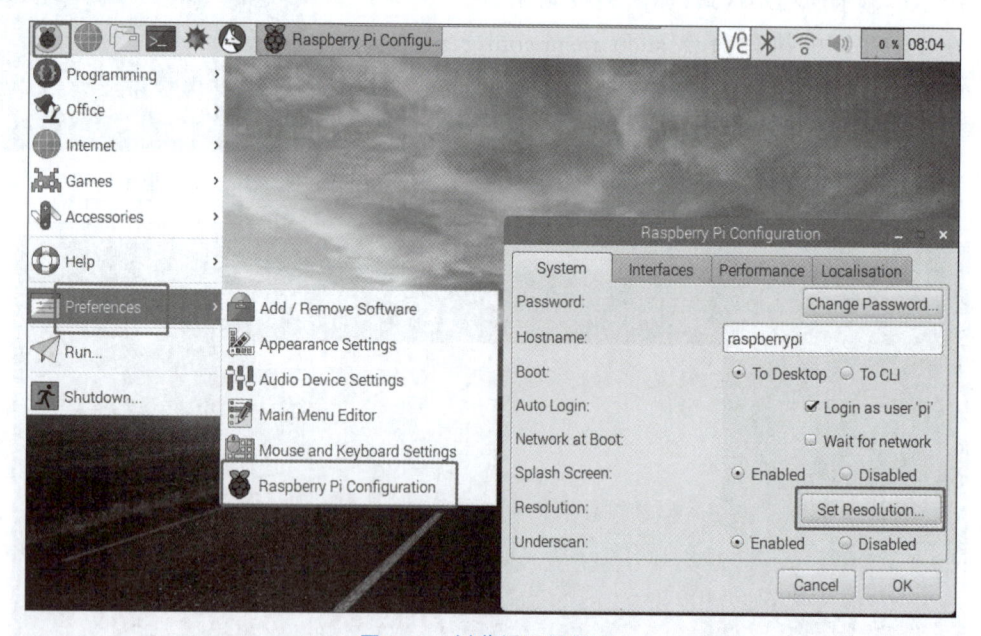

图 1.29　树莓派配置界面

(2) 单击 Set Resolution 按钮,出现如图 1.30 所示的对话框。

(3) 选择合适的分辨率并重启系统。

(4) 在 Raspberry Pi Configuration 对话框中还可以进行其他设置,例如单击如图 1.29 所示页面中的 Change Password 按钮,可在出现的对话框中修改密码,如图 1.31 所示。

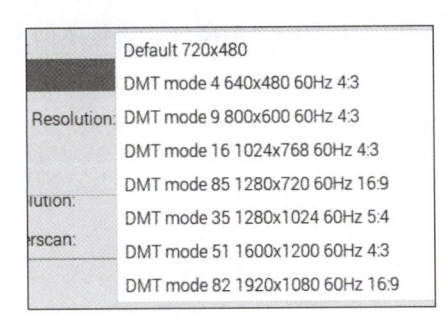

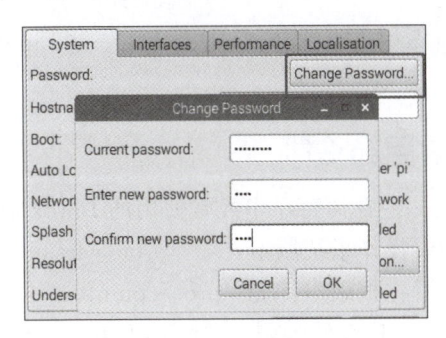

图 1.30　修改分辨率

图 1.31　修改密码

1.5　文件传输

使用 FileZilla 等 SSH Secure File Transfer 工具,可以将 Windows 下的文件与树莓派中的文件进行跨系统传输。

FileZilla 是建立在 SSH 服务下的快速免费跨平台的 FTP 软件,通过该软件可以把计算机上编写好的程序或文件直接传输到树莓派中,这样就可以在计算机上将程序编写好,然后传输到树莓派系统中运行。

使用 FileZilla 进行文件传输的具体步骤如下。

(1) 运行 FileZilla,出现如图 1.32 所示的界面。

图 1.32　FileZilla 界面

(2) 在主机文本框中输入"sftp://192.168.2.148"(树莓派的 IP 地址)、用户名和密码,单击"快速连接"按钮。连接成功后,界面如图 1.33 所示,可以在计算机和树莓派之间进行文件操作。

图 1.33　登录树莓派后的界面

(3) 选择左侧本地站点的文件,如 test.mp3,选择远程站点(树莓派)的 Music 文件夹,右击 test.mp3 文件,在弹出的快捷菜单中选中"上传"选项即可。

(4) 同理,选中右侧的文件后右击,在弹出的快捷菜单中选中"下载"选项,就可以将树莓派中的文件复制到 Windows 中。

1.6 Linux 常用命令与文本编辑

在树莓派中进行操作,经常会使用一些 Linux 命令。按 Ctrl+Alt+T 键打开树莓派的 LX 终端,就可以输入命令。

1.6.1 常用命令

下面是一些在树莓派中经常使用的 Linux 命令。

(1) 查看操作系统版本:cat /proc/version。

(2) 查看主板版本:cat /proc/cpuinfo。

(3) 查看 SD 存储卡剩余空间:df -h。

(4) 查看 IP 地址:ifconfig。

(5) 压缩:tar – zcvf filename.tar.gz dirname。

(6) 解压:tar – zxvf filename.tar.gz。

(7) 安装软件:sudo apt-get install xxxxxx。

(8) 更新软件列表:sudo apt-get update。

(9) 更新已安装软件:sudo apt-get upgrade。

(10) 删除软件 sudo apt-get remove xxxxxx。

1.6.2 文件与目录管理

Linux 的目录为树状结构,最高级的目录为根目录"/"。其他目录通过挂载可以将它们添加到树中,通过解除挂载可以移除它们。

路径的写法包括绝对路径与相对路径两种。绝对路径以"/"开始,例如/usr/share/doc。相对路径不以"/"开始,例如从当前目录 /usr/share/doc 到 /usr/share/man 时,可以使用 cd ../man 命令,即从当前目录 doc 返回到上级目录 share,然后从 share 到下级目录 man。

(1) 显示当前目录:pwd。

(2) 列出当前目录中的文件:ls。显示以"."开头的隐藏文件:ls -a。

以上操作结果如图 1.34 所示。

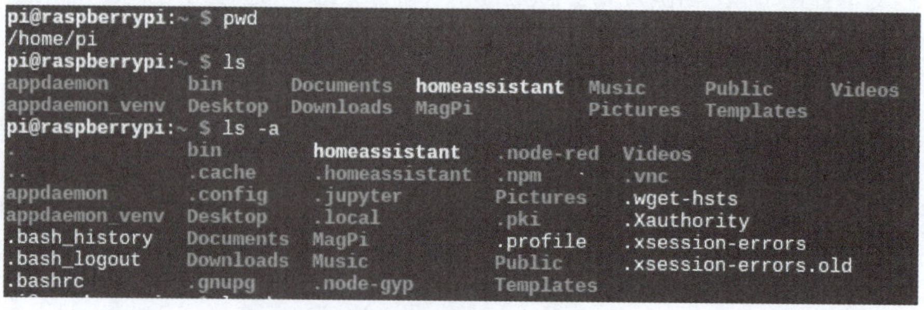

图 1.34 显示目录与文件

(3) 创建目录:mkdir。

(4) 删除目录:rm -r。

以上操作结果如图 1.35 所示。

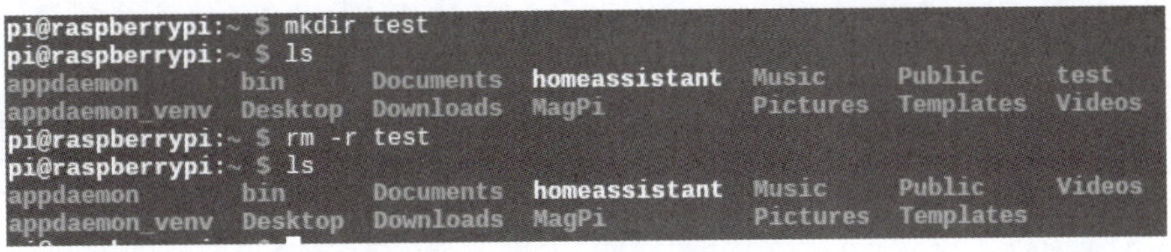

```
pi@raspberrypi:~ $ mkdir test
pi@raspberrypi:~ $ ls
appdaemon        bin      Documents  homeassistant  Music     Public     test
appdaemon_venv   Desktop  Downloads  MagPi          Pictures  Templates  Videos
pi@raspberrypi:~ $ rm -r test
pi@raspberrypi:~ $ ls
appdaemon        bin      Documents  homeassistant  Music     Public     Videos
appdaemon_venv   Desktop  Downloads  MagPi          Pictures  Templates
```

图 1.35　创建与删除目录

(5) 改变当前目录：cd。进入上级目录：cd ..。

(6) 复制文件：cp。

(7) 删除文件：rm。

上述示例如图 1.36 所示。

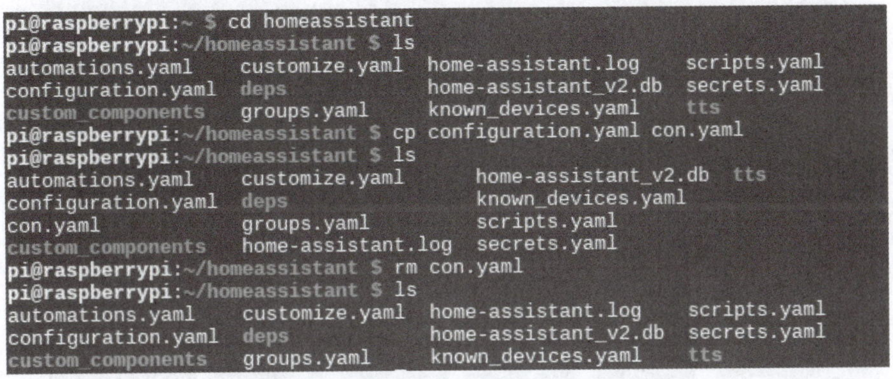

```
pi@raspberrypi:~ $ cd homeassistant
pi@raspberrypi:~/homeassistant $ ls
automations.yaml    customize.yaml  home-assistant.log     scripts.yaml
configuration.yaml  deps            home-assistant_v2.db   secrets.yaml
custom_components   groups.yaml     known_devices.yaml     tts
pi@raspberrypi:~/homeassistant $ cp configuration.yaml con.yaml
pi@raspberrypi:~/homeassistant $ ls
automations.yaml    customize.yaml      home-assistant_v2.db  tts
configuration.yaml  deps                known_devices.yaml
con.yaml            groups.yaml         scripts.yaml
custom_components   home-assistant.log  secrets.yaml
pi@raspberrypi:~/homeassistant $ rm con.yaml
pi@raspberrypi:~/homeassistant $ ls
automations.yaml    customize.yaml  home-assistant.log     scripts.yaml
configuration.yaml  deps            home-assistant_v2.db   secrets.yaml
custom_components   groups.yaml     known_devices.yaml     tts
```

图 1.36　目录与文件相关操作

(8) 显示帮助：man。

(9) 以 root 身份运行：sudo。

在命令行窗口中输入"man sudo"，出现关于 sudo 命令的帮助信息，如图 1.37 所示。

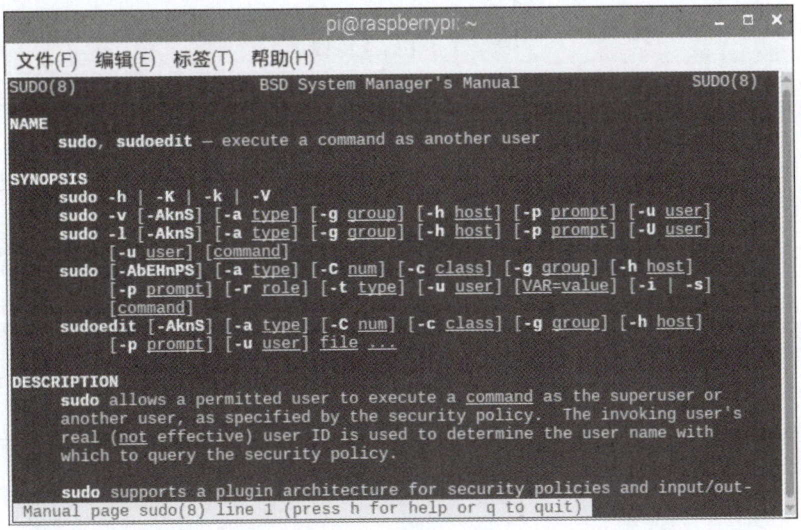

```
pi@raspberrypi: ~
文件(F) 编辑(E) 标签(T) 帮助(H)
SUDO(8)                BSD System Manager's Manual                SUDO(8)

NAME
     sudo, sudoedit — execute a command as another user

SYNOPSIS
     sudo -h | -K | -k | -V
     sudo -v [-AknS] [-a type] [-g group] [-h host] [-p prompt] [-u user]
     sudo -l [-AknS] [-a type] [-g group] [-h host] [-p prompt] [-U user]
          [-u user] [command]
     sudo [-AbEHnPS] [-a type] [-C num] [-c class] [-g group] [-h host]
          [-p prompt] [-r role] [-t type] [-u user] [VAR=value] [-i | -s]
          [command]
     sudoedit [-AknS] [-a type] [-C num] [-c class] [-g group] [-h host]
          [-p prompt] [-u user] file ...

DESCRIPTION
     sudo allows a permitted user to execute a command as the superuser or
     another user, as specified by the security policy.  The invoking user's
     real (not effective) user ID is used to determine the user name with
     which to query the security policy.

     sudo supports a plugin architecture for security policies and input/out-
 Manual page sudo(8) line 1 (press h for help or q to quit)
```

图 1.37　帮助信息

1.6.3 文本编辑

Linux 自带的编辑器有 nano 和 vi,相对来说,nano 编辑器比较简单,而 vi 编辑器使用起来比较复杂。

1. nano 编辑器

在 homeassistant 目录下,使用 nano 编辑器对 configuration.yaml 进行编辑,输入命令"nano configuration.yaml"即可,如图 1.38 所示。

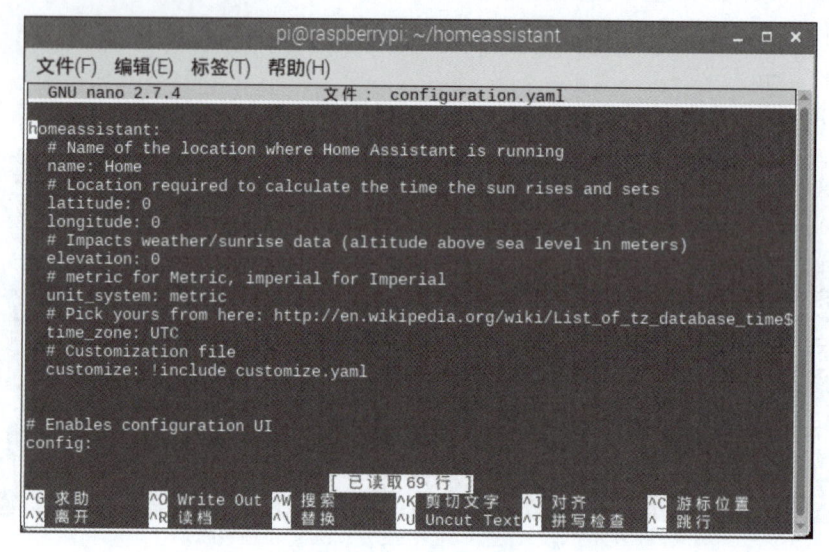

图 1.38 nano 编辑器

2. vi 编辑器

编辑器 vi 共有 3 种模式,分别是命令模式、输入模式、末行命令模式,3 种模式的具体说明如表 1.2 所示。

表 1.2 vi 的 3 种模式

模式名称	模式介绍	模式功能
命令模式	进入 vi 编辑器后的默认模式	可以移动光标、删除字符等
输入模式	在命令模式下输入命令 i,进入编辑模式	可以输入字符,按 Esc 键,回到命令模式
末行命令模式	在命令模式下按":"键,进入功能模式	可以保存文件、退出 vi、设置 vi、查找等

例如,输入"vi abc",创建 abc 文件并进入 vi 编辑器,默认工作在命令模式,如图 1.39 所示。

按 i 键,切换到输入模式,左下角显示"--插入--"的提示,这时可以输入文件内容。

完成输入编辑后,按 Esc 键退出输入模式,切换到命令模式。

按":"键,切换到末行命令模式,输入"wq",按回车键,保存并退出终端界面。末行命令模式的命令如表 1.3 所示。

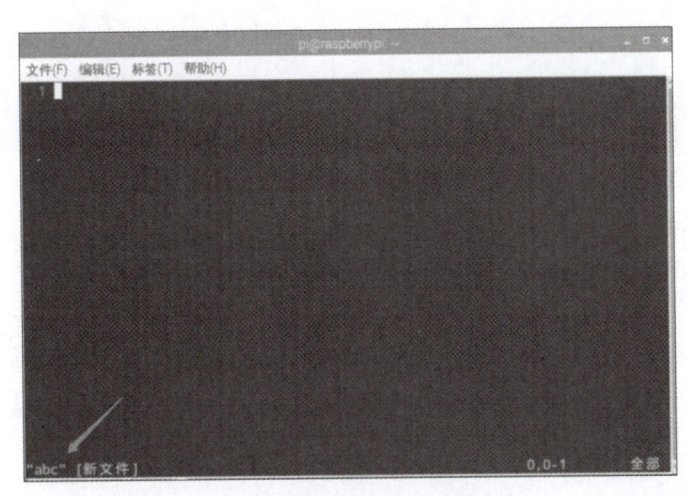

图 1.39　创建文件 abc

表 1.3　末行模式按键说明

命　令	功　能	命　令	功　能
q	退出程序	wq	保存并退出
w	保存文件	q!	不保存强制退出

第 2 章　编程基础

Python 是一种简单的解释型、交互式、可移植、面向对象的高级计算机语言。Python 的编程哲学就是简单、优雅、明确，尽量写容易看明白的代码，尽量将代码写得更少。

Python 有一个交互式的开发环境，Python 的解释运行大大节省了每次编译的时间。Python 语法简单，具有大部分面向对象语言的特征，可以完全进行面向对象编程。

Python 优雅的语法和动态类型，再结合它的解释性，使其在大多数平台上成为编写脚本或开发应用程序的理想语言。

2.1　Python 快速入门

Turtle 是 Python 语言中一个很流行的绘图工具。可以把它理解为一个小海龟，只能听懂有限的指令。它在一个横轴为 x、纵轴为 y 的坐标系中从原点(0,0)位置开始，根据一组控制指令，在这个平面直角坐标系中移动，在爬行的轨迹上绘制图形。

下面通过 Turtle 的使用来介绍 Python 的基础知识。

2.1.1　Python 程序编写

在树莓派 4 中选中"编程"|Thonny Python IDE 选项，打开 Thonny 编辑器，如图 2.1 所示。

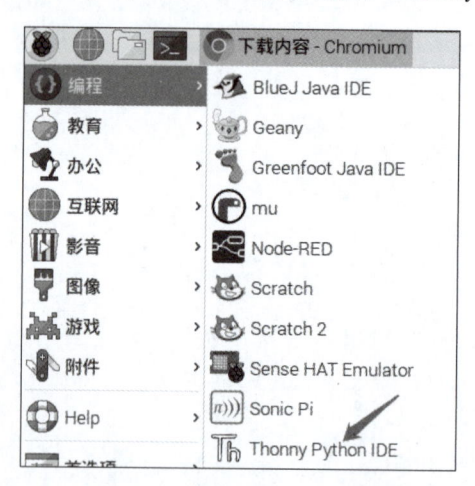

图 2.1　Thonny Python IDE

输入如图 2.2 所示的代码，保存为 ch2.1.py。注意，Python 程序是区分大小写的，如果写错了大小写，程序会报错。

Python 程序由一系列命令组成，从上到下逐行执行。文件中每行都是一条 Python 指令，在经过 Python 逐行检查后，按照先后顺序来执行。

以"#"开始的部分是添加的注释，它增加了程序的可读性，计算机将忽略以"#"开始的部分。

在 Python 程序的开头部分，通常会有一些 import 行。import 的作用是将 Python 代码从另外一个

```
ch2.1.py *
 1  import turtle #导入turtle库
 2
 3  window = turtle.Screen()    #创建一个新窗口用于绘图
 4  babbage = turtle.Turtle()   #使用turtle库创建名为babbage的turtle对象
 5
 6  #花朵中心与第一片花瓣
 7  babbage.left(90)
 8  babbage.forward(100)
 9  babbage.right(90)
10  babbage.circle(10)
11  babbage.left(15)
12  babbage.forward(50)
13  babbage.left(157)
14  babbage.forward(50)
15
16  window.exitonclick() #单击窗口进行关闭
```

图 2.2　程序 ch2.1.py

文件转移到当前程序中,它使得代码可以在不同工程间复用,可以避免将大工程保存在单个文件带来的不便。它们为当前程序导入一些附加特性,这些特性被分成不同的模块。程序第 1 行代码 import turtle 的作用是导入 turtle 库以完成绘图工作。

第 3 行代码 window＝turtle.Screen() 的作用是创建一个用于绘图的新窗口,"＝"的含义是赋值。

第 4 行代码 babbage＝turtle.Turtle() 的作用是使用 turtle 库创建名为 babbage 的 turtle 对象。

2.1.2　方法

方法能够有效地控制程序。在上面的例子中,使用它来移动 turtle,改变颜色或者创建窗体。每次都调用这些方法来完成某些事情。

babbage 有很多方法,第 7 行代码中的 left() 方法使 babbage 向左转一定角度。位于 left() 方法 "()"里的参数,可以控制该方法运行时的角度。程序中输入参数为 90,因此 babbage 向左旋转 90°。

第 8～10 的 3 行代码分别使用了 forward()、right() 和 circle() 方法向前移动 100 像素,向右旋转 90°,画一个半径为 10 像素的圆。

至此,程序在屏幕上画出一条直线,直线上面连接一个圈,这是一朵花的花心部分。

第 11～14 行代码画出第一片花瓣。

最后一行代码 window.exitonclick() 的作用是单击窗口内任何位置,实现关闭窗口的功能。

如果希望花朵中心的颜色为黄色,则在第 9 行代码下添加 4 行新代码,如图 2.3 所示。

上述代码中,使用了 color(colour1,colour2) 方法。这里 colour1 是画笔色,colour2 是填充色。画完花心后,告诉计算机用 begin_fill() 方法填充中心。然后,调用 end_fill() 方法,以防止它填充后续代码中的花瓣。

```
 6  #花朵中心与第一片花瓣
 7  babbage.left(90)
 8  babbage.forward(100)
 9  babbage.right(90)
10  babbage.color("black", "yellow")
11  babbage.begin_fill()
12  babbage.circle(10)
13  babbage.end_fill()
```

图 2.3　color() 方法

2.1.3　循环

可以复制图 2.2 中第 11～14 行代码画第二片花瓣,但如果需要画 24 片花瓣,就要重复很多次相同的代码。而使用循环,可以使用一小段代码告诉计算机,让它反复执行特定部分的代码,如图 2.4 所示。

Python 中循环代码段通常使用相同的格式。第 1 行以":"结尾,之后的每 1 行行使用相同的缩进 (Python 没有规定缩进是几个空格还是用 Tab 键,但按照约定俗成的惯例,应该始终坚持使用 4 个空格

```
for i in range(1,24):
    babbage.left(15)
    babbage.forward(50)
    babbage.left(157)
    babbage.forward(50)
```

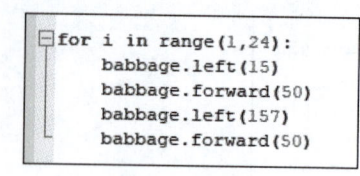

图 2.4 for 循环

的缩进),当缩进结束时,Python 就认为该代码段结束了。

for 循环可以用来遍历数据,它在每次循环中对一个数据进行处理。

Python 的另一个循环是 while 循环。它是一种最简单的循环,所有结果是布尔类型的任何语句都可以作为结束循环的判断条件。while 循环会持续执行,直到条件为假。也就是说,如果条件始终为真,它将一直循环下去。

2.1.4 分支

Python 不仅可以使用循环不断执行某段代码,还可以使用分支控制 Python 程序流,使其根据不同条件,执行不同的代码。

分支由 if 语句实现,与 while 循环相同,只需要一个布尔类型的条件。它后面还可以有附加语句如 elif(else…if)和 else 语句。

一个 if 语句只能执行一段代码,只要 Python 发现条件为真,就执行该段代码并结束整个 if 语句。如果没有一个条件为真,则执行 else 后面的代码段。如果没有 else 语句,同时判断条件也不成立,Python 就会跳过 if 语句,不执行其中的任何代码。

前面程序绘制的花瓣是黑色的,可以使用分支语句 if…elif…else,让 Python 根据不同的情况做不同的事情。例如,用红、橙、黄 3 种颜色绘制这些花瓣,代码如图 2.5 所示。

babbage.color()方法(注意,"()"中不带任何参数)告诉应用程序当前使用的颜色,它的返回值是一对颜色:第一个是画笔色,第二个是填充色。在前面画花朵中心时,使用的是("black", "yellow")。

"=="表示"相等"。使用"=="是因为"="已经被定义为"赋值",前面在创建 window 和 turtle 对象时已经使用过"="。

如果条件为真(本例中,如果 turtle 的颜色为("red", "black")),Python 将执行 if 之后的代码;如果条件为假,Python 将转而执行 elif(elif 是 else if 的简写);如果 elif 处的条件为假,Python 将转到 else 处执行。

至此,if 和 elif 处的判断条件都为假,Python 将执行 else 之后的代码,花瓣的颜色为("red", "black")。这些 if 语句能够在画完一个花瓣后改变画笔颜色。

最后添加语句 babbage.hideturtle(),功能是隐藏 turtle(鼠标),以保证鼠标不会遮挡绘制的图片,代码如图 2.6 所示。

```
15  for i in range(1,24):
16      if babbage.color()==("red", "black"):
17          babbage.color("orange", "black")
18      elif babbage.color()==("orange", "black"):
19          babbage.color("yellow", "black")
20      else:
21          babbage.color("red", "black")
22      babbage.left(15)
23      babbage.forward(50)
24      babbage.left(157)
25      babbage.forward(50)
```

图 2.5 if 语句

```
26
27  babbage.hideturtle()
28  window.exitonclick()  #单击窗口进行关闭
```

图 2.6 隐藏 turtle

单击 Run 按钮,运行程序的效果如图 2.7 所示。

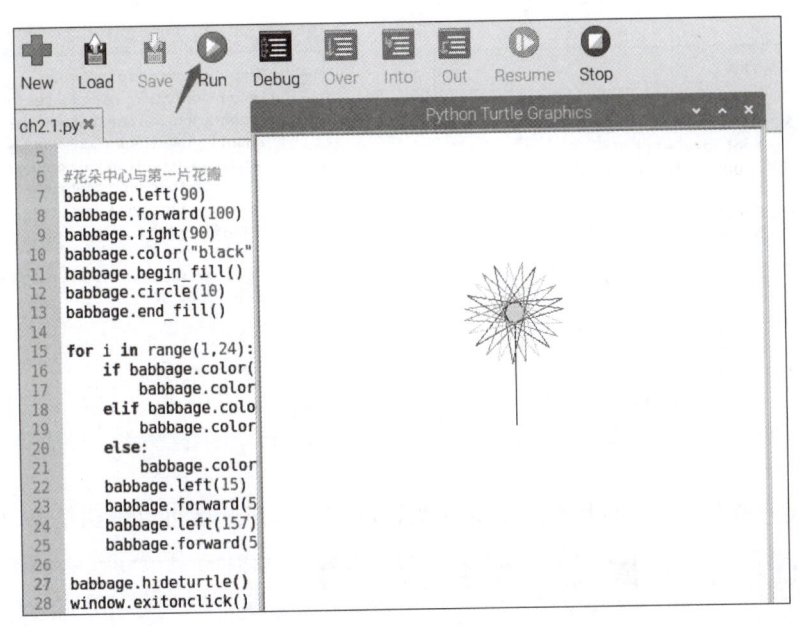

图 2.7 运行效果

2.2 Python 语法基础

通过学习 2.1 节,对 Python 程序设计的流程有了一个基本概念,本节将介绍树莓派 Python 编程的语法基础知识。

有两种方式可以使用 Python,分别是 Shell 交互和文本程序。Shell 交互可以执行用户输入的每条指令,对于调试和实验非常有利。文本程序就是在 2.1 节中使用的方法,保存在文本文件中的 Python 代码,可以一次性全部运行。

在树莓派中,单击 LX 终端,输入"python3",进入 Shell 交互模式,在交互模式中每行都会以 3 个">"开始,如图 2.8 所示。

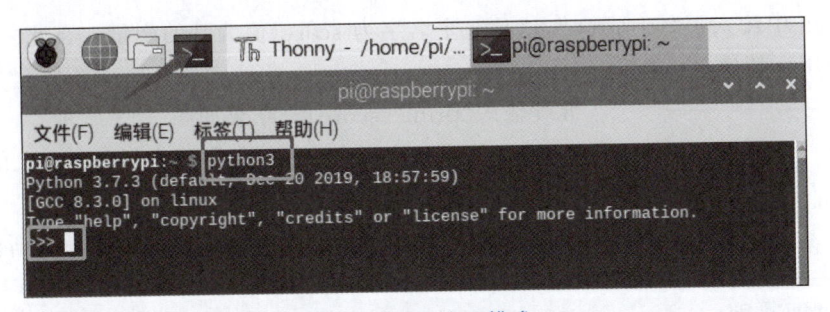

图 2.8 Shell 交互模式

也可以通过单击图 2.1 所示的 Thonny Python IDE,同时进入文本模式和 Shell 模式,如图 2.9 所示。

在进入 Thonny Python IDE 后,单击 Load 按钮加载其他已存在的程序文件后,可能会出现如图 2.10 所示的对话框,单击 Yes 按钮,自动将 Tab 键转换为 4 个空格键。

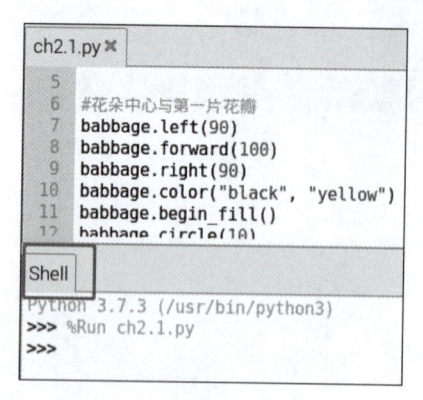

图 2.9 文本模式与 Shell 模式

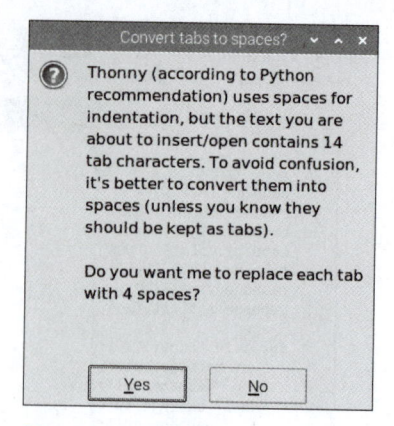

图 2.10 Tab 键转换为 4 个空格键

在 Thonny Python IDE 的 Shell 模式中输入变量，在 Variables 区可以看到结果，如图 2.11 所示。

图 2.11 Tohnny Python IDE 中的 Shell

2.2.1 变量

前面，在 Shell 中输入了"score＝0"，这是一个名字为 score、值为 0 的变量。在此之后，Python 只要看到 score，就会用 0 替换 score。

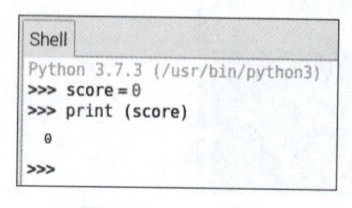

图 2.12 print 语句

继续输入"print（score）"，结果如图 2.12 所示。

Python 是顺序执行命令的，在使用变量 score 之前必须先给它赋值，否则 Python 会报错。

如果想改变变量 score 的值，只需要给它赋一个新值，例如 score＝1，再次执行 print(score)，效果如图 2.13 所示。

变量的概念基本上和代数中方程的变量是一致的，只是在计算机程序中，变量不仅可以是数字，还可以是任意数据类型。

变量几乎可以使用任何名字，变量名必须是大小写英文、数字和下画线的组合，但不能用数字开头，并且不能使用 Python 关键字（如 if、for 等）。

Python 的命名习惯是使用小写字母，用下画线将单词分开，例如 high_score。变量的值可以是数字，也可以文字。甚至可以把同一个变量轮换赋值成数字和文字，如图 2.14 所示。当然，变量的当前值只能是一种类型。

图 2.13　赋新值

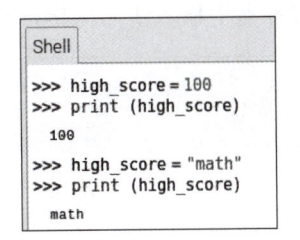

图 2.14　变量的值为数字或文字

2.2.2　值和类型

人类在看到数字 8 时,一般不会关心它究竟是文字还是数字,但是在 Python 中,每个数据都有特定的类型,这样 Python 才知道应该如何处理它们。通过函数 type()可以看到 Python 数据的类型,如图 2.15 所示。

图 2.15 中,第一个 8 是 int 数据类型(整数 integer 的简写),第二个 8 是 str 数据类型(字符串 string 的简写),Python 认为整数 8 和字符 8 是不同的,它们的运算结果如图 2.16 所示。

第 1 行将两个数字加在一起,而第 2 行却将两个字符合并在一起。由此可见,区分值的类型非常重要,如果出错,将会得到非常有意思的结果。图 2.17 显示更多的类型。

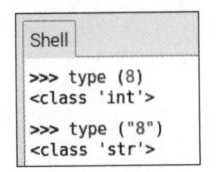

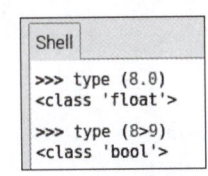

图 2.15　数据类型

图 2.16　不同数据类型的运算

图 2.17　浮点数和布尔类型

第 1 行输出 float(一个浮点数表示一个实数,小数点位置不固定)。第 2 行输出 bool(布尔类型,只有两个值:True 和 False)。

1. 数值

数据的具体类型决定了 Python 可以执行哪些操作,数值(包括 int 和 float 类型)可以有比较和数值操作两种操作类型。

(1) 比较。比较需要两个操作数,返回值为 bool 型,如表 2.1 所示。

表 2.1　数值类型的比较操作

操 作 符	含　　义	例　　子
<	小于	9<8(False)
>	大于	9>8(True)
==	等于	9==9(True)
<=	小于或等于	9<=9(True)
>=	大于或等于	9>=10(False)
!=	不等于	9!=10(True)

可以在 Python 解释器中输入任何操作符进行验证,如图 2.18 所示。

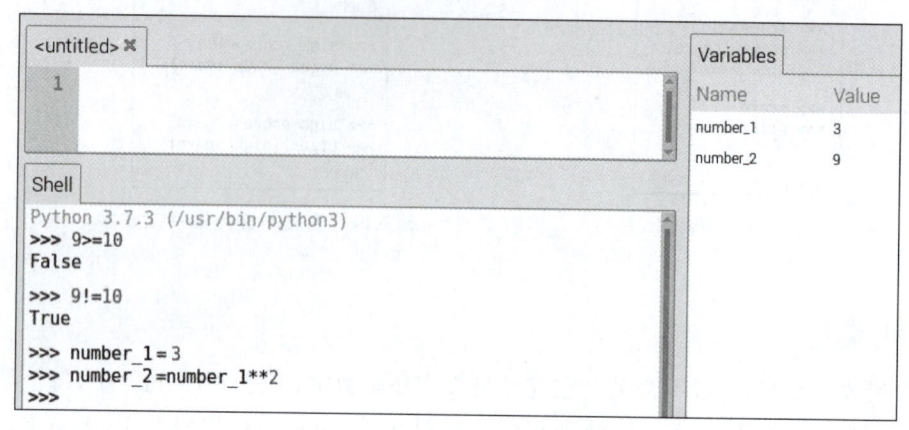

图 2.18 操作符验证与数值操作

(2) 数值操作。数值操作返回一个数值类型,如表 2.2 所示。

表 2.2 数值操作

操 作 符	含 义	例 子
＋	加	2＋2==＞4
－	减	3－2==＞1
＊	乘	2＊3==＞6
／	除	10/5==＞2
％	求余	5％2==＞1
＊＊	乘方	4＊＊2==＞16
int()	转换为 int 型	int(3.2)==＞3
float()	转换为 float 型	float(3)==＞3.0

在程序中使用数值运算,通常都将其返回值赋值给某个变量,如图 2.18 所示。

2. 字符串

字符串类型可以保存任何文字,包括单个数据和一组字母。创建字符串只需要将数据用"'"或者""""括起来就可以了。在 Python 中,二者都可以用。本书首选后者,因为它可以处理含"'"的字符串。

在 Python 3 版本中,字符串是以 Unicode 编码的,也就是说,Python 的字符串支持多种语言。

由于 Python 源代码.py 是一个文本文件,所以当源代码中包含中文的时候,在保存源代码时,就需要务必指定保存为 UTF-8 编码。当 Python 解释器读取源代码时,为了让它按 UTF-8 编码读取,通常在文件开头写上以下两行:

```
#!/usr/bin/env python3
#-*- coding: utf-8 -*-
```

第 1 行注释告诉 Linux 和 macOS X 系统,这是一个 Python 可执行程序,Windows 系统会忽略这个注释。

第 2 行注释告诉 Python 解释器,按照 UTF-8 编码读取源代码,否则在源代码中写的中文输出可能会有乱码。

声明了 UTF-8 编码并不意味着编写的.py 文件就是 UTF-8 编码的,必须确保文本编辑器正在使用 UTF-8 编码。

与数值类型相似,Python 提供了一些字符串操作方法,表 2.3 给出了一些常用的操作,图 2.19 是在 Python 解释器中运行的部分结果。

表 2.3 字符串操作

操作符	含义	例子
string[x]	获取第 x 个字符(从 0 开始数)	"abcde"[1]==>"b"
string[x:y]	获取所有从 x 到 y 的字符	"abcde"[1:3]==>"bc"
string[:y]	获取从字符串开始到第 y 个的字符	"abcde"[:3]==>"abc"
string[x:]	获取从第 x 个开始到字符串结束的字符	"abcde"[3:]==>"de"
len(string)	返回字符串长度	len("abcde")==>5
string+string	合并两个字符串	"abc"+"def"==>"abcdef"

3. 布尔值

Bool 类型非常简单,只有 True 和 False 两种取值。注意,在 Python 中,这两个值的首字母要大写,并且不需要使用引号。同时,这个值通常不存在变量中,它通常用于条件语句如 if 的判断条件中,其主要运算符是与(and)、或(or)和非(not)。

非运算需要简单地转换一下取值;与运算需要两个操作数,如果两个数都为真,则返回真,否则返回假;或运算也需要两个操作数,如果两个数中任何一个为真,则返回真。在 Python 解释器中的结果如图 2.20 所示。

图 2.19 字符串操作验证

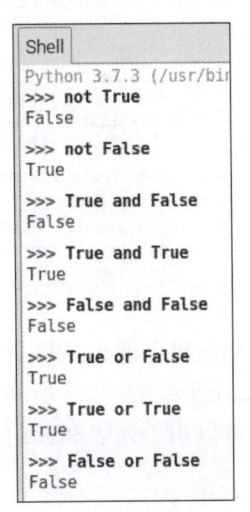

图 2.20 非、与、或操作验证

4. 数据类型转换

使用函数 int()、float()和 str()可以转换数据类型。它们分别将其他数据类型转换为整数、浮点数和字符串。但是它们相互之间不能随意转换,如果将浮点数转为整数,Python 将舍去所有小数部分。

当字符串中只有一个字符时，才能转换成数字，而其他类型几乎都可以转换成字符串。

2.2.3　结构体

除了简单数据类型，Python还允许将数据用不同方式组合起来创建结构体。

1. 列表和元组

最简单的结构体是sequences（线性结构），它将信息一个接一个地存储起来，sequences分为list（列表）和tuple（元组）两类。

list是一种有序的集合，可以随时添加和删除其中的元素。tuple与list非常类似，但是tuple一旦初始化就不能修改。

用"[ ]"将数字括起来就构成了列表，用"( )"将数字括起来构成元组。在结构体名后面跟"[ ]"，在其中填上下标就可以访问单个元素。注意下标从0开始，因此list_1[0]和tuple_1[0]可以访问线性结构中的第一个元素。大多数情况下，它们是相似的，如图2.21所示。

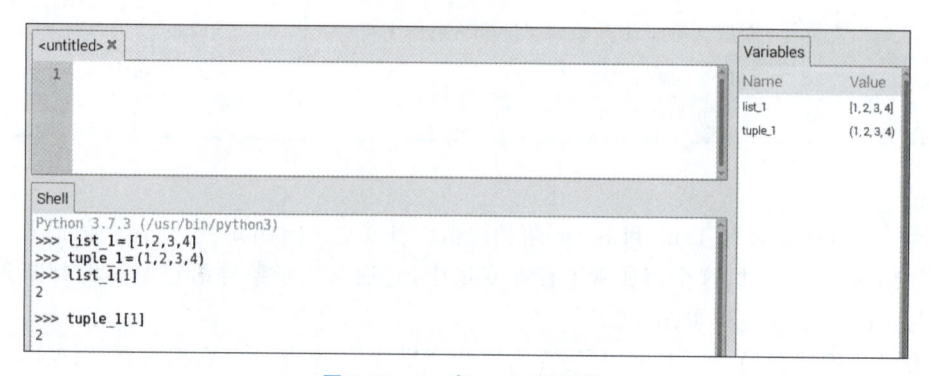

图2.21　list与tuple相似处

在更新元素时，会发现列表和元组之间的差别：列表中的单个元素可以更新，而元组中的单个元素不能更新，如图2.22所示。

图2.22　list与tuple更新单个元素时的差别

如果想更新元组中的单个元素，可以在一次性覆盖元组中的所有元素时，告诉Python将变量tuple_1赋一个新值以取代旧值，如图2.23所示。

字符串的操作符可以用于列表和元组，具体方法参考表2.3，部分操作如图2.24所示。

图2.23　tuple更新元素

图2.24　list与tuple的字符串操作

2. 列表操作方法

列表的操作方法如表 2.4 所示。

表 2.4　列表的操作方法

操　作　符	含　　义	例　　子
list.append(item)	添加元素到列表尾部	list_1.append(0)
list.extend(list_2)	合并 list_2 到列表尾部	list_1.extend([0,−1])
list.insert(x,item)	插入元素到第 x 个位置	list_1.insert(1,88)
list.sort()	排序列表	list_1.sort()
list.index(item)	返回列表中第一次出现该元素的位置	list_1.index(0)
list.count(item)	计算列表中该元素出现的次数	list_1.count(0)
list.remove(item)	删除列表中第一次出现的该元素	list_1.remove(0)
list.pop(x)	返回并删除第 x 个元素	list_1.pop(1)

前 7 个操作符的结果如图 2.25 所示，它们中有些返回一个值，有些改变了 list_1 的值，有些改变了元素的顺序。

```
>>> list_1=[1,2,3,4]
>>> list_1.append(0)
>>> list_1
[1, 2, 3, 4, 0]
>>> list_1.extend([0,-1])
>>> list_1
[1, 2, 3, 4, 0, 0, -1]
>>> list_1.insert(1,88)
>>> list_1
[1, 88, 2, 3, 4, 0, 0, -1]
```

```
>>> list_1.sort()
>>> list_1
[-1, 0, 0, 1, 2, 3, 4, 88]
>>> list_1.index(0)
1
>>> list_1.count(0)
2
>>> list_1.remove(0)
>>> list_1
[-1, 0, 1, 2, 3, 4, 88]
```

图 2.25　列表操作结果

pop(x) 比较特殊，首先，它返回列表中第 x 个位置的元素值，随后从列表中删除该元素，如图 2.26 所示。

3. 元组操作方法

元组除了不能被修改外，其他与列表非常类似。所有对列表的操作方法，只要不改变元素的值，都可以用于元组；如果改变了元素的值，则出现错误信息，如图 2.27 所示。

```
>>> list_1
[-1, 0, 1, 2, 3, 4, 88]
>>> out=list_1.pop(1)
>>> out
0
>>> list_1
[-1, 1, 2, 3, 4, 88]
```

图 2.26　pop 操作结果

```
>>> tuple_1=(1,2,3,4)
>>> tuple_1.index(2)
1
>>> tuple_1.sort()
Traceback (most recent call last):
  File "<pyshell>", line 1, in <module>
AttributeError: 'tuple' object has no attribute 'sort'
```

图 2.27　对元组的操作

4. 字典

列表和元组是元素的集合，每个元素都对应了其中的一个下标。在列表["a","b","c","d"]中，a

的下标是 0，b 的下标是 1，以此类推。

如果要创建一个把学号与名字关联的数据结构，就要用到字典(dictionary，简称 dict)。Python 内置的字典使用键-值(key-value)存储，具有极快的查找速度。这是因为 dict 的实现原理和查字典是一样的。假设字典包含了 1 万个汉字，当要查某个字时，一种办法是把字典从第一页往后翻，直到找到想要的字为止，这种方法就是在 list 中查找元素的方法，list 越大，查找速度越慢。

第二种方法是先在字典的索引表里(比如部首表)查这个字对应的页码，然后直接翻到该页，找到这个字。无论找哪个字，这种查找速度都非常快，不会随着字典大小的增加而变慢，dict 就是用第二种实现方式。

在 Python 中，可以使用通过"{}"进行定义的字典，如图 2.28 所示。

字典中的元素称为键值对，其中第一部分是键(key)，第二部分是值(value)。只需要给定一个新键及其对应的值，就可以在字典中添加新元素，如图 2.29 所示。

```
>>> name={"8108311" : "Mary",
          "8108312" : "John"}
```

图 2.28 定义字典

```
>>> name["8108310"]="Hein"
>>> name
{'8108311': 'Mary', '8108312': 'John', '8108310': 'Hein'}
```

图 2.29 添加新元素

dict 和 list 比较有以下几个特点：查找和插入的速度极快，不会随着 key 的增加而变慢；需要占用大量的内存，内存浪费多。而 list 则相反，查找和插入的时间随着元素的增加而增加，占用空间小，浪费内存很少。所以，dict 是一种用空间换取时间的方法。

5. 集合

与列表和元组使用下标、字典使用键不同，Python 的集合(set)允许将一堆数据放在一起而不用指定下标或序号。

集合 set 和字典 dict 的唯一区别仅在于没有存储对应的 value，Python 用于集合的操作方法如表 2.5 所示。

表 2.5 集合操作方法

操 作 符	含 义
item in set_1	测试给定的值是否在集合中
set_1 & set_2	返回两个集合共有的元素
set_1 | set_2	合并两个集合中的元素
set_1-set_2	set_1 中存在 set_2 中不存在的元素
set_1^set_2	set_1 或 set_2 中存在的元素，不包括两个集合共有的元素

对集合 herbs 和 spices 的上述操作结果如图 2.30 所示。

2.2.4 控制程序流程

控制程序流程包括循环和分支。

1. while 循环

while 循环是一种最简单的循环，结果是布尔类型的任何语句都可以作为它的判断条件。如果条件始终为真，它将一直循环下去，直到条件为假，如图 2.31 所示是一个简单的例子。

```
Shell
Python 3.7.3 (/usr/bin/python3)
>>> herbs={'thyme','dill','corriander'}
>>> spices={'cumin','chilli','corriander'}
>>> "thyme" in herbs
True
>>> herbs & spices
{'corriander'}
>>> herbs | spices
{'corriander', 'dill', 'thyme', 'cumin', 'chilli'}
>>> herbs - spices
{'thyme', 'dill'}
>>> herbs ^ spices
{'thyme', 'chilli', 'dill', 'cumin'}
```

图 2.30　集合操作结果

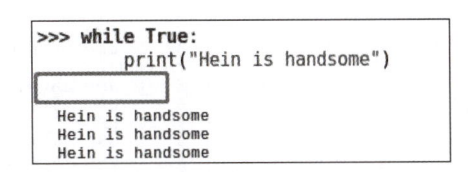

```
>>> while True:
        print("Hein is handsome")

Hein is handsome
Hein is handsome
```

图 2.31　while 循环

编程时，条件后面要加上"："且接下来的一行要缩进，所有缩进部分都属于循环体。

要在 Python 解释器中运行这段代码，必须在输入 print 语句之后按回车键，然后按退格键删掉自动产生的缩进，最后再按回车键。图 2.31 中的矩形框部分就是用退格键删掉缩进的部分。最后按回车键是告诉 Python 循环体结束并执行这段代码。

这段代码会陷入死循环，不断地执行 print 语句，按 Ctrl+C 键可以终止。

为了不陷入死循环，通常需要一个或多个变量以便在循环内部改变判断条件，最终能够跳出循环。

2. for 循环

for 循环可以用来遍历数据，它在每次循环中对一个数据进行处理，如图 2.32 所示。

循环中，range(x,y) 遍历从 $x \sim y-1$ 的每个数据。range(x,y,z) 的第 3 个参数 z，可以设定两个连续数字之间的间隔。例如把 range(1,6) 改成 range(1,6,2)，它将会只计算 1~5 的所有奇数；把 range(1,6) 改成 range(2,6,2)，它将会只计算 2~5 的所有偶数，如图 2.33 所示。

```
>>> for i in range(1,6):
        print (i, "times seven is", i*7)

1 times seven is 7
2 times seven is 14
3 times seven is 21
4 times seven is 28
5 times seven is 35
```

图 2.32　for 循环代码与执行结果

```
>>> for i in range(1,6,2):
        print (i, "times seven is", i*7)

1 times seven is 7
3 times seven is 21
5 times seven is 35
>>> for i in range(2,6,2):
        print (i, "times seven is", i*7)

2 times seven is 14
4 times seven is 28
```

图 2.33　range 第三个参数的作用

3. 循环嵌套

在进行程序编写时，会经常遇到需要同时遍历多种数据的情况，这个时候就要用到循环嵌套。

编写循环嵌套时要注意缩进级别，第一个循环体的缩进为一，第二个循环体的缩进为二。只有这样，Python 才能理解那些代码属于第几个循环体，以及每个循环体在何处结束。

如图 2.34 所示的程序用来找出 1~10 的所有素数。

运行嵌套循环时可能会使程序变慢，例如计算 3000 以内的素数（只需要将上述程序第 1 行的 10 改成 3000 即可），程序运行就会花非常长的时间。这是因为外层循环要循环上千次，每次走进内层循环也

```
>>> for i in range (1,10):
        is_prime=True
        for k in range (2,i):
            if (i%k)==0:
                print (i, " is divisible by ", k)
                is_prime=False
        if is_prime:
            print (i, " is prime ")

1  is prime
2  is prime
3  is prime
4   is divisible by  2
5  is prime
6   is divisible by  2
6   is divisible by  3
7  is prime
8   is divisible by  2
8   is divisible by  4
9   is divisible by  3
```

图 2.34　找出 1～10 的所有素数的程序与结果

需要执行很多次。

在做这个实验时，会发现整个程序运行起来很慢，如果不想等待，可以按 Ctrl＋C 键停止运行。

可以通过下面的方法改进该程序：首先使用 range(1,3000,2) 跳过所有的偶数，这样就直接省去一半时间；其次，在 if 里面增加语句 break，一旦发现某个数字是非素数，就使用 break 跳出循环，继续执行下面一行(if is_prime:)。程序如图 2.35 所示。

```
>>> for i in range (1,3000,2):
        is_prime=True
        for k in range (2,i):
            if (i%k)==0:
                print (i, " is divisible by ", k)
                is_prime=False
                break
        if is_prime:
            print (i, " is prime ")
```

图 2.35　程序优化

4. if 语句

Python 使用分支来控制程序流，使其根据不同条件，分别执行不同的代码。分支由 if 语句实现，上面的例子中已用到 if 语句。

类似 while 循环，if 语句的执行只需要一个布尔类型的条件，它后面还可以有附加语句，如 elif(else … if) 和 else 语句。

if 语句可以不带 elif 或 else。如果没有 else 语句，同时判断条件也不成立，Python 就会跳过 if 语句，不执行其中的任何代码。

一个 if 语句最多只执行一段代码，只要 Python 发现条件为真，就执行该段代码并结束整个 if 语句。如果没有一个条件为真，则执行 else 后面的代码段。

带 elif 和 else 语句的程序如图 2.36 所示。

在 Thonny Python IDE 中输入程序代码，保存后单击 Run 按钮运行程序，在 Shell 中出现的"enter a number:"后输入数字，按回车键后会得到相关信息。

但如果输入数字 10，它将只返回该数字可以被 2 整除的信息，而不会出现该数字能被 5 整除的信

```
ch2.2.4.py
1  num = int(input("enter a number: "))
2  if num%2 == 0:
3      print("Your number is divisible by 2")
4  elif num%3 == 0:
5      print("Your number is divisible by 3")
6  elif num%5 == 0:
7      print("Your number is divisible by 5")
8  else:
9      print("Your number isn't divisible by 2, 3 or 5")
```

```
Shell
Python 3.7.3 (/usr/bin/python3)
>>> %Run ch2.2.4.py
  enter a number: 4
  Your number is divisible by 2
>>> %Run ch2.2.4.py
  enter a number: 7
  Your number isn't divisible by 2, 3 or 5
>>> %Run ch2.2.4.py
  enter a number: 10
  Your number is divisible by 2
>>>
```

图 2.36　if…elif 和 else

息,试思考如何修改程序去除该 bug。

5. 异常处理

如果在刚才的例子中输入非数字的字符,就会发现报错信息,如图 2.37 所示。这是因为 Python 不能把任意字符转换成数字,因此计算机不知道该怎么做,Python 就显示错误信息。

```
>>> %Run ch2.2.4.py
  enter a number: a
  Traceback (most recent call last):
    File "/home/pi/book/ch2.2.4.py", line 1, in <module>
      num = int(input("enter a number: "))
  ValueError: invalid literal for int() with base 10: 'a'
```

图 2.37　异常情况

根据图 2.37 中 Python 发现异常时输出的错误类型 ValueError(值错误),修改程序,如图 2.38 所示。

2.2.5　函数

函数是 Python 支持的一种封装,把大段代码拆成函数,通过一层一层的函数调用,就可以把复杂任务分解成简单的任务,这种分解可以称为面向过程的程序设计。函数就是面向过程的程序设计的基本单元。

在 2.1 节的 ch2.1.py 程序中,使用方法来移动 turtle、改变颜色或者创建窗体。例如,通过 babbage.forward(50)调用 babbage 的 forward 方法,通过 window.exitonclick()调用 window 的 exitonclick 方法。每次调用这些方法,都会运行保存在 Python 库中的相应代码。

基本上所有的高级语言都支持函数,Python 也不例外。Python 不但能非常灵活地定义函数,而且

```
ch2.2.4.py
1   is_number=False
2   num = 0
3   while not is_number:
4       is_number=True
5       try:
6           num = int(input("enter a number: "))
7       except ValueError:
8           print("Please input a number")
9           is_number=False
10
11  if num%2 == 0:
12      print("Your number is divisible by 2")
13  elif num%3 == 0:
14      print("Your number is divisible by 3")
15  elif num%5 == 0:
16      print("Your number is divisible by 5")
17  else:
18      print("Your number isn't divisible by 2, 3 or 5")
```

```
Shell
Python 3.7.3 (/usr/bin/python3)
>>> %Run ch2.2.4.py
  enter a number: a
  Please input a number
  enter a number:
```

图 2.38　异常处理

本身内置了很多有用的函数，可以直接调用。

```
>>> def circlearea(radius):
        return radius * 3.14
>>> circlearea(2)
6.28
```

图 2.39　自定义函数

Python 的函数与方法的工作方式类似，但是函数不需要 import 任何模块，使用循环和函数都可以减少重复。

前面的例子中已经使用过一些 Python 内置函数，例如 print() 和 input()。此外，还可以自定义函数，如图 2.39 所示。

在 Python 中，定义一个函数要使用 def 语句，依次写出函数名、"(参数)"和":"，然后，在缩进块中编写函数体，函数的返回值用 return 语句返回。

图 2.39 的程序中，用关键字 def 定义函数，def 之后是函数名 circlearea，"()"中的内容是参数 radius。在程序中可以直接使用这些参数，参数值在函数调用时传递过去。return 语句用来给主程序返回数据，如果有多条 return 语句，Python 将在第一次遇到 return 时返回。

上述例子中，当 Python 发现 circlearea(2) 时，会把 2 作为参数 radius 的值传入函数，然后使用该函数进行计算，并返回计算结果 6.28。

函数包含的参数可以有多个，如图 2.40 所示程序中的函数包含 x 和 y 两个参数。

2.2.6　类

面向对象编程（object oriented programming，OOP）是一种程序设计思想，OOP 把对象作为程序的基本单元，一个对象包含了数据和操作数据的函数。

面向过程的程序设计把计算机程序视为一系列的命令集合，即一组函数的顺序执行。为了简化程序设计，面向过程把函数继续切分为子函数，即把大块函数通过切割成小块函数来降低系统的复杂度。

面向对象的程序设计把计算机程序视为一组对象的集合，而每个对象都可以接收其他对象发过来的消息，并处理这些消息，计算机程序的执行就是一系列消息在各个对象之间传递。

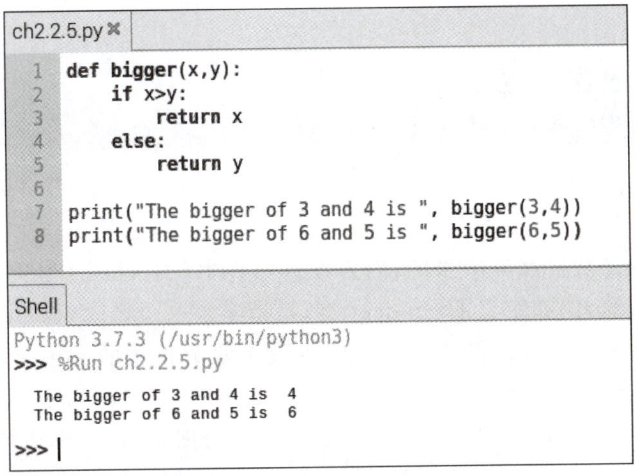

```
ch2.2.5.py
1  def bigger(x,y):
2      if x>y:
3          return x
4      else:
5          return y
6
7  print("The bigger of 3 and 4 is ", bigger(3,4))
8  print("The bigger of 6 and 5 is ", bigger(6,5))
```

```
Shell
Python 3.7.3 (/usr/bin/python3)
>>> %Run ch2.2.5.py
  The bigger of 3 and 4 is  4
  The bigger of 6 and 5 is  6
>>>
```

图 2.40　包含多个参数的函数

在 Python 中，所有数据类型都可以视为对象，当然也可以自定义对象。自定义的对象数据类型就是面向对象中的类(class)的概念。

1. 面向过程

下面以一个例子来说明面向过程和面向对象在程序流程上的不同之处。

假设要处理学生的成绩表，为了表示一个学生的成绩，面向过程的程序可以用一个 dict 表示：

```
std1={'name': 'Michael', 'score': 98}
std2={'name': 'Bob', 'score': 81}
```

而处理学生成绩可以通过函数实现，比如打印学生的成绩：

```
def print_score(std):
    print('%s: %s' % (std['name'], std['score']))
```

2. 面向对象

如果采用面向对象的程序设计思想，首先思考的不是程序的执行流程，而是 Student 这种数据类型应该被视为一个对象，这个对象拥有 name 和 score 两个属性(property)。

如果要打印一个学生的成绩，首先必须创建出这个学生对应的对象，然后给对象发一个 print_score 消息，让对象自己把自己的数据打印出来。

```
class Student(object):

    def __init__(self, name, score):
        self.name=name
        self.score=score

    def print_score(self):
        print('%s: %s' % (self.name, self.score))
```

给对象发消息实际上就是调用对象对应的关联函数，称为对象的方法(method)。面向对象的程序写出来就像这样：

```
bart=Student('Bart Simpson',59)
lisa=Student('Lisa Simpson',87)
bart.print_score()
lisa.print_score()
```

面向对象的设计思想是从自然界中来的，因为在自然界中，类（class）和实例（instance）的概念是很自然的。类是一种抽象概念，例如定义的 Student 类，是指学生这个概念，而 Student 实例则是具体的某个学生，例如上例中的 Bart Simpson 和 Lisa Simpson 就是两个具体的学生个体。所以，面向对象的设计思想是抽象出类，根据类创建实例。

面向对象的抽象程度又比函数要高，因为一个类既包含数据，又包含操作数据的方法。

3. 类

类是创建实例的模板，而实例则是一个个具体的对象，各个实例拥有的数据都互相独立、互不影响；方法就是与实例绑定的函数。和普通函数不同，方法可以直接访问实例的数据。通过在实例上调用方法，就直接操作了对象内部的数据，而无须知道方法内部的实现细节。

在 2.1 节的 ch2.1.py 程序中，类将数据和函数组合起来构成一个对象。在代码 babbage=turtle.Turtle()中，turtle.Turtle()返回一个由 turtle 模块中 Turtle 类创建的对象。同样，在代码 window=turtle.Screen()中，tuttle.Screen()返回一个由 turtle 模块中 Screen 类创建的对象。

简而言之，类是用来构建对象的蓝图。对象可以存储数据，并且提供操作数据的方法，而方法其实就是类中的函数。

在 ch2.1.py 程序中，不用关心 turtle 的数据是如何存放的，因为它们已经包含在对象中了。只需要将 turtle 对象保存在一个名为 babbage 的对象里，当调用某个方法时，该方法就知道如何存取它需要的各种东西，这样可以使程序整洁易用。

例如，只用代码 babbage.forward（100）就可以将 turtle 向前移动并将结果画在屏幕上。在屏幕上画这条线，它知道用什么颜色的画笔，turtle 的起始位置在哪里以及其他各种所需要的信息，因为它们都已经存储在对象中了。

图 2.41 所示的程序告诉我们对象中包含的内容。

在 Python 中，变量、函数和方法的名字通常用小写字母，类是个例外，因此 Person 类由大写字母 P 开头。

方法的定义方式和函数一样，区别只是参数总是以 self 开始，用来表示本地变量。在这个例子中，本地变量包括 self.age 和 self.name，它们会在类的每一个实例中都创建一份。

```
ch2.2.6-1.py
1  class Person():
2      def __init__(self, age, name):
3          self.age=age
4          self.name=name
5  
6      def birthday(self):
7          self.age=self.age+1
8  
9  mary=Person(28, "Mary")
10 jay=Person(18, "Jay")
11 print(mary.name, mary.age)
12 print(jay.name, jay.age)
```

```
Shell
Python 3.7.3 (/usr/bin/python3)
>>> %Run ch2.2.6-1.py
   Mary 28
   Jay 18
>>>
```

图 2.41　对象中包含的内容

本例中，用 People 类创建了两个对象（即类的实例），每个对象都有各自的一份 self.age 和 self.name 副本。可以在对象外面读写它们（就像在 print 方法中使用的那样），称为 Person 类的属性。

程序中，__init__是每个类都有的特殊方法。该方法在创建或"初始化"类的实例时会被调用。因此，mary=Person(28, "Mary")会创建 Person 类的一个对象，并使用参数(28, "Mary")调用 __init__ 方法,通常可以用来设置属性。

另一个方法 birthday() 展示了如何使用类方法,而不用在类的外面关心数据的保存问题。给 Person 对象一个 birthday() 方法,拿来用就可以了,例如 mary.birthday() 将把 age 加 1。

有时,不希望从头开始创建类,而是根据已经存在的类来建一个新的类。例如创建一个类来保存 parents(父母)的相关信息,它们也存在年龄(age)、名字(name)、生日(birthday),Python 允许从其他类中继承,如图 2.42 所示。

```
    def birthday(self):
        self.age=self.age+1

class Parent(Person):
    def __init__(self, age, name):
        Person.__init__(self,age,name)
        self.children = []
    def add_child(self,child):
        self.children.append(child)
    def print_children(self):
        print("The children of ", self.name, "are:")
        for child in self.children:
            print(child.name)

lisa=Parent(58, "Lisa")
mary=Person(28, "Mary")
print(lisa.name, lisa.age)
lisa.add_child(mary)
lisa.print_children()
```

Shell
Python 3.7.3 (/usr/bin/python3)
>>> %Run ch2.2.6-2.py
    Lisa 58
    The children of Lisa are:
    Mary
>>>

图 2.42 类的继承

Person 是 Parent 的超类,Parent 是 Person 的子类。把类名放入要定义的类名后面的"()"中,它就变成这个要定义的类的超类。调用超类的 __init__ 方法,会自动获得超类的属性和方法的访问权限而不用重写代码。

类的最大优势就是可以方便重用代码,在 2.1 节的 ch2.1.py 程序中,它可以方便地操纵 turtle 而不用关心它做了什么和怎么做的。因为 turtle 类封装了这些信息,只要知道方法名字,就可以毫无障碍地使用它们。

2.2.7 模块

在程序开发过程中,随着程序代码越写越多,一个文件中的代码就会越来越长,越来越不容易维护。

为了编写可维护的代码,需要对函数进行分组,然后分别放到不同的文件里。这样,每个文件包含的代码就会相对较少,很多编程语言都采用这种组织代码的方式。在 Python 中,一个 .py 文件就称为一个模块(module)。

使用模块最大的好处是大大提高了代码的可维护性。此外,编写代码不必从 0 开始。一个模块编写完毕,就可以在其他地方被引用。在编写程序的时候,会经常引用其他模块,包括 Python 内置的模块和来自第三方的模块。

使用模块还可以避免函数名和变量名冲突。相同名字的函数和变量完全可以分别存在不同的模块中,因此在编写模块时,不必考虑名字会与其他模块冲突。但是也要注意,尽量不要与内置函数名字冲突。Python 的所有内置函数详见 https://docs.python.org/3/library/functions.html。

在 2.1 节 ch2.1.py 程序的 import turtle 语句中,import 将 Python 代码从另外一个文件转移到当前程序中。

创建自己的模块时,要注意以下两点。

(1) 模块名要遵循 Python 变量命名规范,不要使用中文、特殊字符。

(2) 模块名不要和系统模块名冲突,最好先查看系统是否已存在该模块,检查方法是在 Python 交互环境执行 import 模块名,若成功则说明系统存在此模块,如果出现错误信息则表示该模块名可以使用。

创建模块文件 module_example.py,内容如图 2.43 所示。

创建 ch2.2.7-1.py 文件,内容如图 2.44 所示。

程序的第 1 行将 module_example 的所有函数和类导入工程中,在函数或类名前加上模块名作为前缀就可以使用它们了(第 2 行代码)。

如果只需要模块中的某一部分,也可以只导入该部分,如图 2.45 所示。

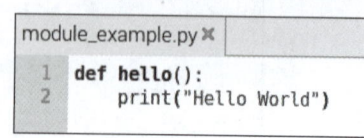

图 2.43 模块文件

图 2.44 导入模块

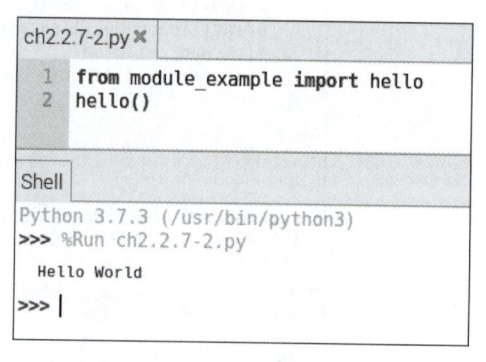

图 2.45 导入模块指定部分

使用模块而不是将所有内容放入同一个文件的优点是,代码可以在不同工程间复用,避免将大工程保存在单个文件中带来的不便。可以将不同的模块分给不同的组,方便团队一起工作。

2.3 OpenCV 基础

虽然 Python 很强大而且也有自己的图像处理库,但是相对于 OpenCV,还是弱小很多。

开源计算机视觉环境(open source computer vision library,OpenCV)是一个基于开源发行的跨平台计算机视觉库。它实现了图像处理和计算机视觉方面的很多通用算法,已经成为计算机视觉领域最有力的研究工具之一。

OpenCV 的底层由 C 和 C++ 编写,代码量少且高效,可以运行在多个操作系统上(Linux、Windows、macOS、Android、iOS 等),同时提供了多种编程语言的 API 接口。与很多开源软件一样,OpenCV 也提供了完善的 Python 接口,非常便于调用。

OpenCV 的应用领域包括机器人视觉、模式识别、机器学习、工厂自动化生产线产品检测、医学影像、摄像机标定、遥感图像等。

OpenCV 可以解决的问题包括人机交互、机器人视觉、运动跟踪、图像分类、人脸识别、物体识别、特征检测、视频分析、深度图像等。

在树莓派中的 LX 终端中执行下列命令安装 OpenCV：

```
sudo apt-get install libopencv-dev
sudo apt-get install python-opencv
```

注意：Windows 环境下的命令是 pip3 install opencv-python，部分程序在树莓派中运行可能会不够流畅，可以在 PC 中运行。

如果出现类似图 2.46 所示的错误信息，说明在安装过程中有些依赖库的源在国外，无法访问，而国内阿里源、清华源等没有收录，就会报错。遇到这种情况，可以尝试执行下列命令进行安装：

```
sudo apt-get install libatlas-base-dev
sudo apt-get install libjasper-dev
sudo apt-get install python-pyqt5
sudo apt-get install libqtgui4
sudo apt-get install libqt4-test
```

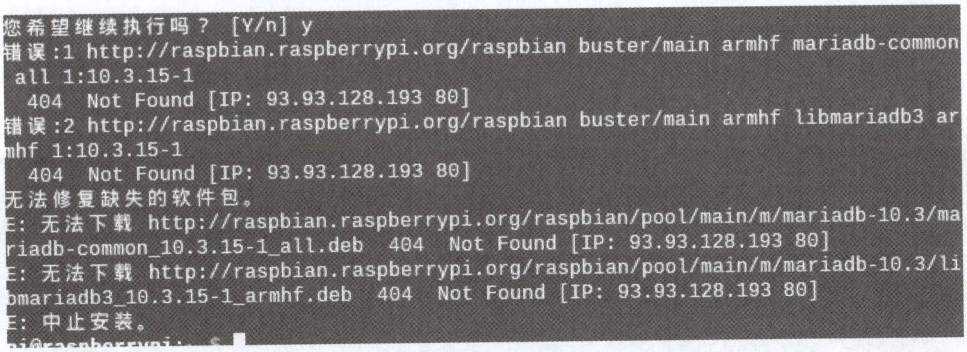

图 2.46　安装时的报错信息

安装完毕后，执行命令 import cv2 进行检查是否安装成功，执行命令 cv2.__version__ 可以查看安装的版本，如图 2.47 所示。

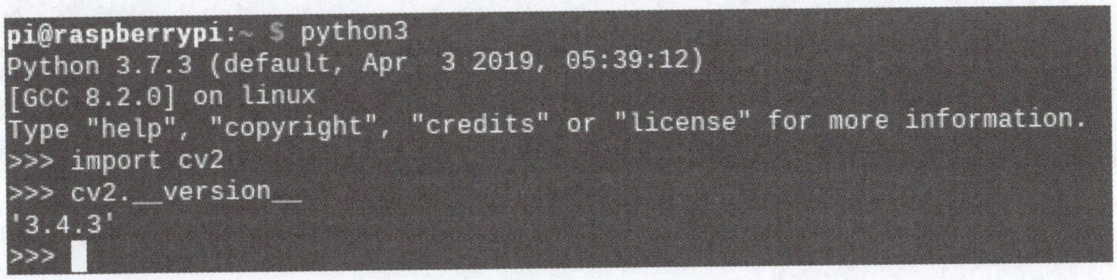

图 2.47　正确安装测试

2.3.1　图像读写

NumPy(Numerical Python)是 Python 语言的一个扩展程序库，支持大量的维度数组与矩阵运算，是一个运行速度非常快的数学库，主要用于数组计算，包含强大的 N 维数组对象 ndarray，广播功能函数,整合 C、C++、FORTRAN 代码的工具,具有线性代数、傅里叶变换、随机数生成等功能。

NumPy 通常与 SciPy(Scientific Python)和 Matplotlib(绘图库)一起使用,这种组合广泛用于替代 MATLAB,是一个强大的科学计算环境,有助于通过 Python 学习数据科学或者机器学习。详见其中文官网 https://www.numpy.org.cn。

SciPy 是一个开源的 Python 算法库和数学工具包。SciPy 包含的模块有最优化、线性代数、积分、插值、特殊函数、快速傅里叶变换、信号处理和图像处理、常微分方程求解和其他科学与工程中常用的计算。

Matplotlib 是 Python 编程语言及其数值数学扩展包 NumPy 的可视化操作界面。它为利用通用的图形用户界面工具包,如 Tkinter、wxPython、Qt 或 GTK+,向应用程序嵌入式绘图提供了应用程序接口(API)。

编写程序 opencv.py,代码如下:

```python
import numpy as np
import cv2
img=cv2.imread('test.jpg',0)
cv2.imshow('image',img)
cv2.waitKey(0)
cv2.destroyAllWindows()
```

在 opencv.py 同一个目录下有对应的图片文件 test.jpg 时,运行结果如图 2.48 所示。

图 2.48 运行结果

1. 图像的读入

程序 opencv.py 中,使用函数 cv2.imread('test.jpg',0) 读入图像。这幅图像应该与程序所在路径一致或者给函数提供完整路径;第二个参数告诉函数应该如何读取这幅图片,值为 1 时表示以彩色模式读取(默认),值为 0 时表示以灰度图模式读取,值为 -1 时表示加载图像包含 alpha 通道。

2. 图像的显示

函数 cv2.imshow('image',img) 用于显示图像,窗口自动调整为图像大小。第一个参数是窗口的名字,第二个参数是显示图像的句柄,但是在程序执行的过程中窗口会一闪而过。

cv2.waitKey()是键盘绑定函数,它的时间尺度是毫秒级。函数等待的几毫秒内,会判断是否有键盘输入,如果按下任意键,函数会返回按键的 ASCII 码值,程序继续运行;如果没有键盘输入,则返回值为-1;如果设置这个参数为 0,那它将会无限期地等待键盘输入。

cv2.destroyAllWindows()命令用于删除建立的任何窗口,在"()"中输入想删除的窗口名,如 cv2.destroyWindow('image'),就可以删除指定的窗口名。

3. 保存图像

函数 cv2.imwrite()用于保存图像,第一个参数是保存的文件名,第二个参数是保存的图像。
将程序修改如下:

```
import numpy as np
import cv2
img=cv2.imread('test.jpg',0)
cv2.imshow('image',img)
k=cv2.waitKey(0)&0xFF
if k==27:
    cv2.destroyAllWindows()
elif k==ord('s'):
    cv2.imwrite('testgray.png',img)
    cv2.destroyAllWindows()
```

按 s 键保存后退出,按 Esc 键(ASII 码为 27)不保存退出。

2.3.2 图像处理

RGB 颜色空间,即三基色空间,是大家最熟悉的颜色空间,任何一种颜色都可以通过这 3 种颜色混合而成。

一般情况下,对颜色空间的图像进行有效处理都是在 HSV 空间进行的,HSV(色调 Hue、饱和度 Saturation、亮度 Value)是根据颜色的直观特性创建的一种颜色空间,又称六角锥体模型。

对于图像而言,在 RGB 空间、HSV 空间或者其他颜色空间,识别相应的颜色都是可行的。之所以选择 HSV,是因为 H 代表的色调基本上可以确定某种颜色,再结合饱和度和亮度信息判断大于某一个阈值。而 RGB 由 3 个分量构成,需要判断每种分量的贡献比例。使用 HSV 空间进行识别的范围更广、更方便。

在 OpenCV 中有超过 150 种颜色空间转换的方法,但是经常用到的只有两种,即 BGR↔Gray 和 BGR↔HSV。注意 Gray 和 HSV 不可以互相转换。

颜色空间转换要用到的函数是 cv2.cvtColor(input_image,flag),其中 flag 就是转换类型。对于 BGR↔Gray 的转换,使用的 flag 是 cv2.COLOR_BGR2GRAY;对于 BGR↔HSV 的转换,使用的 flag 是 cv2.COLOR_BGR2HSV。

OpenCV 中 HSV 颜色空间的取值范围是 H [0,179]、S [0,255]、V [0,255],根据实验得出的 H 值对应的颜色如表 2.6 所示。

表 2.6 OpenCV 中的 HSV 颜色体系

	黑	灰	白	红		橙	黄	绿	青	蓝	紫
hmin	0	0	0	0	156	11	26	35	78	100	125
hmax	180	180	180	10	180	25	34	77	99	124	155

1. 颜色空间转换

编写程序 color.py,实现颜色空间转换功能,代码如下:

```
import cv2
import numpy as np

#创建图片和颜色块,如图 2.49(a)所示
#ones(shape,dtype,order) 创建指定形状的数组,数组元素以 1 填充。参数 shape 用来指定返回数组的大
#小、dtype 指定数组元素的类型、order 有 C 和 F 两个选项,分别代表在计算机内存中的存储元素的顺序是行
#优先和列优先。后两个参数都是可选的,一般只需设定第一个参数
img=np.ones((240,320,3),dtype=np.uint8) * 255
img[100:140,140:180]=[0,0,255]
img[60:100,60:100]=[0,255,255]
img[60:100,220:260]=[255,0,0]
img[140:180,60:100]=[255,0,0]
img[140:180,220:260]=[0,255,255]

#黄红两色的 HSV 阈值
yellow_lower=np.array([26,43,46])
yellow_upper=np.array([34,255,255])
red_lower=np.array([0,43,46])
red_upper=np.array([10,255,255])

#颜色空间转换 BGR->HSV
hsv=cv2.cvtColor(img,cv2.COLOR_BGR2HSV)

#构建掩膜,如图 2.49(b)所示,并使用掩膜
mask_yellow=cv2.inRange(hsv,yellow_lower,yellow_upper)
mask_red=cv2.inRange(hsv,red_lower,red_upper)
mask=cv2.bitwise_or(mask_yellow,mask_red)
res=cv2.bitwise_and(img,img,mask=mask)

cv2.imshow('image',img)
cv2.imshow('mask',mask)
cv2.imshow('res',res)
cv2.waitKey(0)
cv2.destroyAllWindows()
```

程序中用到了掩膜的概念,它可以被简单理解为位图,可以进行腐蚀膨胀等形态学的操作。在提取感兴趣的区域、屏蔽图片某些区域、结构特征提取和特殊图像制作中都可能用到掩膜。

运行程序,结果如图 2.49(c)所示。

(a) image　　　　　　　　(b) mask　　　　　　　　(c) res

图 2.49　颜色空间转换

2. 提取物体颜色

在 HSV 颜色空间更容易提取和表示颜色,利用这一特点,可以提取特定颜色的物体,并在摄像头的视野范围内追踪物体,实时打印物体的中心坐标,具体实现的步骤如下。

(1) 获取视频流。
(2) 颜色空间转换 RGB→HSV,设置 HSV 的阈值。
(3) 识别并追踪物体。

编写程序 findcolor.py,实现提取物体颜色功能,代码如下:

```python
import numpy as np
import cv2

#设定黄色的阈值
yellow_lower=np.array([9,135,231])
yellow_upper=np.array([31,255,255])

cap=cv2.VideoCapture(0)
#设置摄像头的分辨率(320,240)
cap.set(3,320)
cap.set(4,240)

while 1:
    #获取每一帧。ret 为是否找到图像,frame 是帧本身
    ret,frame=cap.read()
    #高斯模糊
    frame=cv2.GaussianBlur(frame,(5,5),0)
    #转换到 HSV
    hsv=cv2.cvtColor(frame,cv2.COLOR_BGR2HSV)
    #根据阈值设置掩膜
    mask=cv2.inRange(hsv,yellow_lower,yellow_upper)
    #图像学膨胀腐蚀
    #就像土壤侵蚀一样,腐蚀操作会把前景物体的边界腐蚀掉,靠近前景的所有像素都会被腐蚀掉,所以前景物
    #体会变小,整幅图像的白色区域会减少。这对于去除白噪声很有用,也可以用来断开两个连在一起的物体等
```

```python
#与腐蚀相反,膨胀操作会增加图像中的白色区域(前景)。在去噪声时一般先用腐蚀再用膨胀。因为腐蚀在
#去掉白噪声的同时使前景对象变小,所以再对它进行膨胀时,噪声已经被去除,不会再回来了,但是前景还
#在并会增加。膨胀也可以用来连接两个分开的物体
mask=cv2.erode(mask,None,iterations=2)
mask=cv2.GaussianBlur(mask,(3,3),0)
#对原图像和掩膜进行位运算
res=cv2.bitwise_and(frame,frame,mask=mask)
#寻找轮廓并绘制轮廓
cnts=cv2.findContours(mask.copy(),cv2.RETR_EXTERNAL,cv2.CHAIN_APPROX_SIMPLE)[-2]

if len(cnts)>0:
#寻找面积最大的轮廓并画出其最小外接圆。函数 cv2.minEnclosingCircle() 可以帮我们找到一个对
#象的外切圆,它是所有能够包括对象的圆中面积最小的一个
    cnt=max(cnts,key=cv2.contourArea)
    (x,y),radius=cv2.minEnclosingCircle(cnt)
    #找到后在轮廓上画圆
    cv2.circle(frame,(int(x),int(y)),int(radius),(255,0,255),2)
    #显示物体的位置坐标
    print(int(x),int(y))
else:
    pass
#显示图像
cv2.imshow('frame',frame)
cv2.imshow('mask',mask)
cv2.imshow('res',res)
if cv2.waitKey(5)&0xFF==27:
    break
cap.release()
#关闭窗口
cv2.destroyAllWindows()
```

运行程序,程序很准确地圈出了摄像头视野范围内的黄色物体,效果如图 2.50 所示,运行过程中实时打印的坐标如图 2.51 所示。

3. 直方图

上述对特定颜色的识别和跟踪是建立在已经知道要追踪物体的颜色基础上,当不知道所要追踪物体的颜色时,这种方法就不适用了。

采用 OpenCV 识别颜色的一般方法是采用颜色直方图,统计 HSV 颜色空间 H 值的范围。

直方图(histogram)是一种对数据的分布进行统计的数学方法,是一种二维统计图表,其对应的坐标统计样本和该样本对应的一种属性。例如在统计一个学校学生人数的情况时,统计的样本为每个年级,对应的样本属性就是每个年级的人数。将直方图应用到数字图像领域,统计的样本就是图像的像素值,对应的样本属性就是该幅图像具有相同像素值的像素点数。

编写程序 pixel1.py,进行直方图统计,代码如下:

图 2.50　提取物体颜色　　　　图 2.51　实时打印坐标

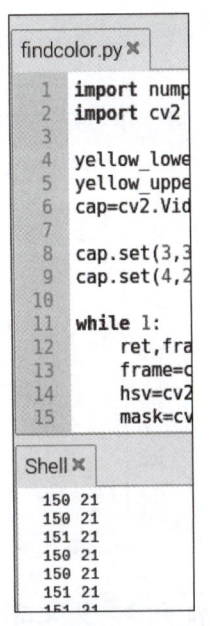

```
import cv2
import numpy as np

from matplotlib import pyplot as plt

img=cv2.imread('test.jpg',0)
img=cv2.resize(img,(240,320))
#直方图计算函数,通道 0,没有使用掩膜
hist=cv2.calcHist([img],[0],None,[256],[0,256])

hist_max=np.where(hist==np.max(hist))
print(hist_max[0])

cv2.imshow('image',img)

#绘制直方图
plt.plot(hist)
plt.xlim([0,256])
plt.show()
cv2.waitKey(0)
cv2.destroyAllWindows()
```

运行程序,结果如图 2.52 所示。通过直方图可以对整幅图像的灰度分布有一个整体的了解。直方图的 x 轴是灰度值(0~255),y 轴是图片中具有同一个灰度值的点的数目。图中表明像素值为 123 的像素点最多。

函数 cv2.calcHist() 可以统计一幅图像的直方图,代码如下:

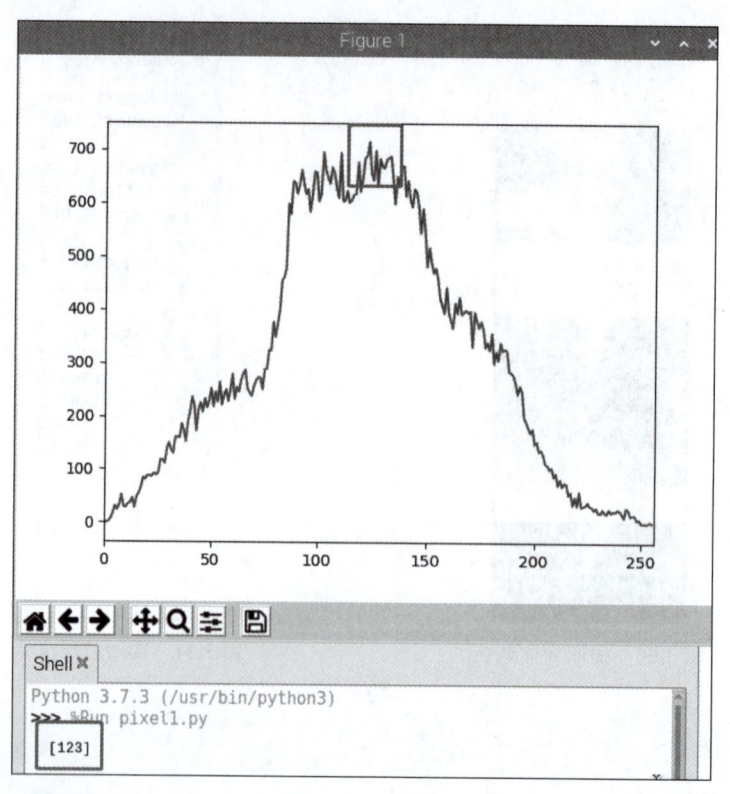

图 2.52　直方图

> cv2.calcHist(images,channels,mask,histSize,ranges)

（1）images：原图像（图像格式为 uint8 或 float32）。当传入函数时应该用"[ ]"括起来，例如[img]。

（2）channels：它同样需要用"[ ]"括起来，会告诉函数要统计图像的直方图。如果输入图像是灰度图，它的值就是[0]；如果是彩色图像，传入的参数可以是[0]、[1]、[2]，分别对应通道 B、G、R。

（3）mask：掩膜图像。要统计整幅图像的直方图就把它设为 None。如果想统计图像某部分的直方图，就需要制作一个掩膜图像并使用它。

（4）histSize：直方图的份数（即多少个直方柱）。它也应该用"[ ]"括起来，例如[256]。

（5）ranges：像素值范围，通常为[0,256]。

4. 二维颜色直方图

在 HSV 颜色空间中，可以采用 H（色调）来表示常见的颜色，统计图像中 H 的直方图，结合常见颜色 H 的范围，就可以识别颜色了。

图 2.52 所示的直方图是灰度直方图（一维直方图），是统计图片的灰度信息的。OpenCV 中也存在 2D（二维）直方图，即颜色直方图（H-S,色调-饱和度），统计该直方图可以更加准确地识别颜色。

编写程序 hist.py，进行二维直方图统计，代码如下：

```
import cv2
import numpy as np
```

```python
from matplotlib import pyplot as plt

img=cv2.imread('test.jpg',cv2.IMREAD_COLOR)

img=cv2.resize(img,(240,320))
hsv=cv2.cvtColor(img,cv2.COLOR_BGR2HSV)

#生成2d直方图
#目标、通道、是否使用掩码、多少个直方柱、像素值
hist=cv2.calcHist([hsv],[0,1],None,[180,256],[0,180,0,256])

hist_max=np.where(hist==np.max(hist))
print(hist_max[0])

cv2.imshow('image',img)
#绘图
plt.imshow(hist,interpolation='nearest')
plt.show()

cv2.waitKey(0)
cv2.destroyAllWindows()
```

运行程序,结果如图 2.53 所示。在二维直方图中,x 轴显示 S 值,y 轴显示 H 值。图中可以看出 H＝132 处比较亮,在表 2.6 中查找 H 为 132 对应的颜色,得知紫色的区域比较多,对照图 2.54 所示的 test.jpg 也可以发现图片中紫色的区域确实比较多。

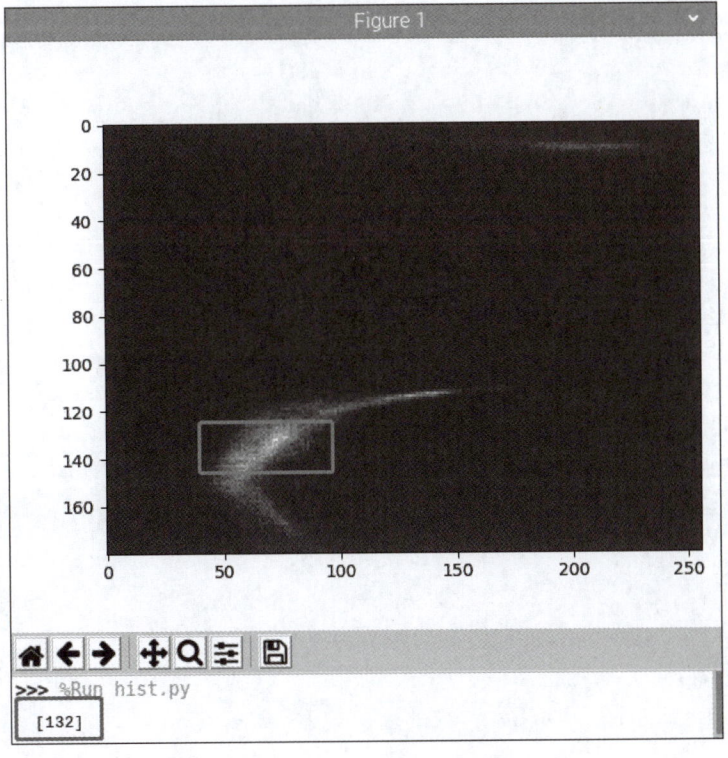

图 2.53　二维直方图

图 2.54　处理的原图 test.jpg

因此,通过对 H 和 S 值的判断可以在背景比较单一的场景下识别颜色。

5. 颜色识别

由于二维颜色直方图的计算量比较大且需要 H 和 S 组成联合判断条件,这种方法比较烦琐。而颜色可以直接用 H 的值表示,所以采用统计二维颜色直方图中的一维(H 的值)直方图来实现颜色识别。

编写程序 pixel2.py 实现颜色识别,代码如下:

```
import cv2
import numpy as np
from matplotlib import pyplot as plt

#生成颜色直方图
def color_hist(img):
    #构建掩膜
    mask=np.zeros(img.shape[:2],dtype=np.uint8)
    mask[70:170,100:220]=255

    #生成HSV颜色空间H的直方图
    hsv=cv2.cvtColor(img,cv2.COLOR_BGR2HSV)
    hist_mask=cv2.calcHist([hsv],[0],mask,[180],[0,180])
    #统计直方图识别颜色
    object_H=np.where(hist_mask==np.max(hist_mask))
    print(object_H[0])
    return object_H[0]
    plt.plot(hist_mask)
    plt.xlim([0,180])
    plt.imshow(hist_mask,interplation='nearest')
    plt.show()
```

```python
#判断直方图 H 的值,实现颜色识别
#yellow(26,34) red(156,180) blue(100,124) green(35,77) cyan-blue(78,99) orange(6,15)
#try except 捕获 object_H 存在多个值的异常
def color_distinguish(object_H):
    try:
        if object_H>26 and object_H<34: color='yellow'
        elif object_H>156 and object_H<180 : color='red'
        elif object_H>100 and object_H<124: color='blue'
        elif object_H>35 and object_H<77 : color='green'
        elif object_H>78 and object_H<99:color='cyan-blue'
        elif object_H>6 and object_H<15: color='orange'
        else: color='None'
        print(color)
        return color
    except:pass

#main 函数入口
if __name__=='__main__':
    #构建图片
    img=np.ones((240,320,3),dtype=np.uint8) * 128
    img[60:180,80:240]=[0,255,255]
    #颜色识别
    object_H=color_hist(img)
    color_distinguish(object_H)
    cv2.imshow('image',img)
    cv2.waitKey(0)
```

运行程序,H 的值为 30,对应的颜色为黄色,如图 2.55 所示。

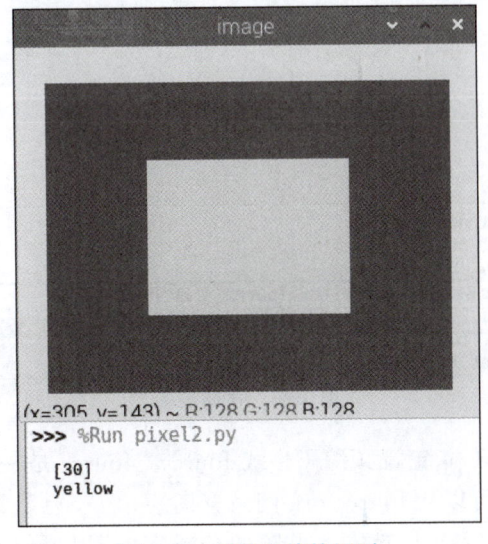

图 2.55 对黄色块的识别

2.3.3 视频捕获

OpenCV 为使用摄像头捕获实时图像提供了一个非常简单的接口,可以让用户使用摄像头来捕获一段视频,并把它转换成灰度视频显示出来。

编写程序 videocapture.py,通过摄像头实时捕获视频,代码如下:

```python
import numpy as np
import cv2
cap=cv2.VideoCapture(0)
while(True):
    ret,frame=cap.read()
    cv2.imshow('frame',frame)
    if cv2.waitKey(1) & 0xFF==ord('q'):
        break
cap.release()
cv2.destroyAllWindows()
```

为了获取视频,需要首先创建一个 VideoCapture 对象。它的参数可以是一个设备的索引号或者视频文件名。设备索引号指定要使用的摄像头,参数 0 表示默认的摄像头。当设备有多个摄像头时,可以改变参数选择,读取摄像头的视频流。

cap.read()是按帧读取,会返回两个值:ret 和 frame。ret 是布尔值,如果读取帧是正确的则返回 True,如果文件读取到结尾则返回 False;frame 是该帧图像的三维矩阵 BGR 形式。cap.read() 无参数,但需要放在死循环中不断读取形成视频。

cap.release()无参数,程序关闭之前务必关闭摄像头,释放资源。

2.3.4 保存视频

在上述程序中添加如下代码:

```python
fourcc=cv2.VideoWriter_fourcc(*'XVID')
out=cv2.VideoWriter('output.avi',fourcc, 20.0, (640,480))
```

位置如图 2.56 所示。

```
1  import numpy as np
2  import cv2
3  cap=cv2.VideoCapture(0)
4  fourcc=cv2.VideoWriter_fourcc(*'XVID')
5  out = cv2.VideoWriter('output.avi',fourcc, 20.0, (640,480))
6  while(True):
7      ret,frame=cap.read()
```

图 2.56 代码位置

创建一个 VideoWriter 对象,指定视频编码格式 fourcc。fourcc 是一个 4 字节编码,用来确定视频的编码格式。可用的编码列表可以从 fourcc.org 网站查询。

指定输出文件代码中的最后一个参数为视频的分辨率,获取摄像头的视频流,保存在当前文件夹下。

2.3.5 人脸检测

在 OpenCV 中,静态图像和实时视频对人脸的检测有类似的操作,通俗地讲,视频人脸检测只是使用摄像头读出每帧的图像,然后再用静态图像的检测方法进行检测。

1. 检测人脸

编写人脸检测程序 face_tracking.py,代码如下:

```python
import cv2
cap=cv2.VideoCapture(0)
cap.set(3, 320)
cap.set(4, 320)
#分类器
face_cascade=cv2.CascadeClassifier('123.xml')

while True:
    ret,frame=cap.read()
    #转换成灰度图
    gray=cv2.cvtColor(frame,cv2.COLOR_BGR2GRAY)
    #人脸检测
    faces=face_cascade.detectMultiScale(gray)
    
    if len(faces)>0:
        for (x,y,w,h) in faces:
            cv2.rectangle(frame,(x,y),(x+h,y+w),(0,255,0),2)
            result=(x,y,w,h)
            x=result[0]
            y=result[1]
    cv2.imshow("capture", frame)
    if cv2.waitKey(1) & 0xFF==ord('q'):
        break

cap.release()
cv2.destroyAllWindows()
```

以 haar 特征分类器为基础的对象检测是一种非常有效的技术,它是基于机器学习的,通过使用大量的正负样本图像训练,得到一个 cascade_function,最后再用它做对象检测。

OpenCV 包含了很多已经训练好的分类器,包括面部、眼睛、微笑等。这些 XML 文件保存在/opencv/data/haarcascades/文件夹中。

使用 OpenCV 创建面部,首先加载需要的 XML 分类器,然后以灰度格式加载输入图像或视频。

人脸检测首先需要分类器 face_cascade=cv2.CascadeClassifier('123.xml'),其中,123.xml 是 haar 级联数据,运行时,xml 文件要与 py 程序文件位于同一文件夹下。

然后通过 face_cascade.detectMultiScale()进行实际的人脸检测。不能将摄像头获取到的每帧图像直接传入.detectMultiScale()中,而是应该先将图像转换成灰度图。

代码 gray=cv2.cvtColor(frame,cv2.COLOR_BGR2GRAY)将每帧先转换成灰度图,在灰度图中

进行查找。

如果检测到面部，它会返回面部所在的矩形区域 rectangle(frame,(x,y),(x+h,y+w),(0,255,0),2)，其中的参数分别是"目标帧""矩形""矩形大小""线条颜色""宽度"。

运行程序，在人脸的四周生成矩形框住人脸，如图 2.57 所示。按同样方法，可以实现对眼睛的识别。

2. 保存检测到的人脸

进一步修改程序，新增的代码与位置如图 2.58 所示。

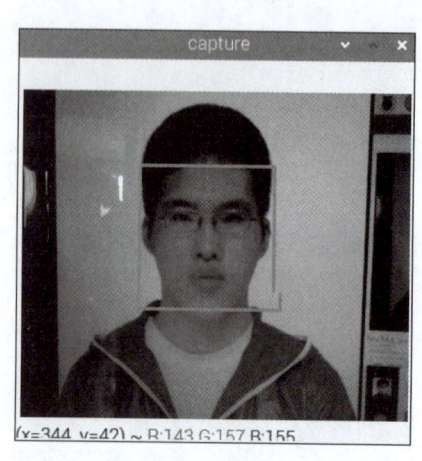

图 2.57 检测到人脸

图 2.58 新增代码

当检测到人脸时，通过 cv2.putText 将时间信息添加到照片上，通过 cv2.imwrite 将其保存为 out.png 文件，效果如图 2.59 所示。

2.3.6 给人脸带上表情

学习过人脸识别后，将摄像头实时视频或图片中的人脸加工成如图 2.60 所示效果非常简单。

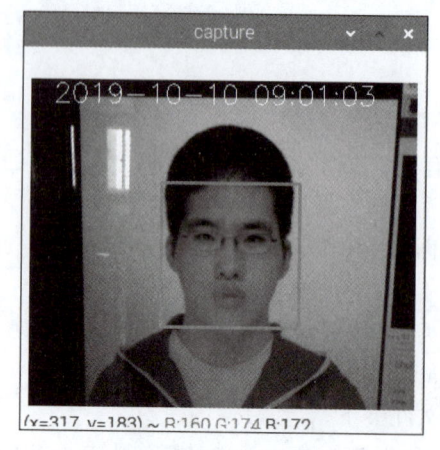

图 2.59 添加信息

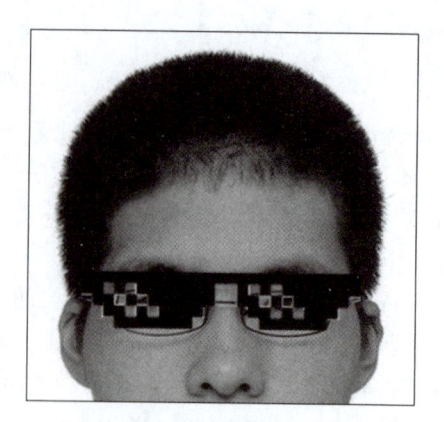

图 2.60 人脸加工

编写程序 thuglife_photo.py，代码如下：

```python
import cv2
from PIL import Image
import sys

#面具的地址和分类器的位置
maskPath="mask.png"
cascPath="face.xml"
#分类器构建
faceCascade=cv2.CascadeClassifier(cascPath)

image=cv2.imread('sample.jpg')
#把帧转换成灰度图
gray=cv2.cvtColor(image, cv2.COLOR_BGR2GRAY)

faces=faceCascade.detectMultiScale(gray, 1.15)
background=Image.open('sample.jpg')

for (x,y,w,h) in faces:
    cv2.rectangle(image, (x,y), (x+w, y+h), (255, 0, 0), 2)
    cv2.imshow('face detected', image)
    cv2.waitKey(0)
    mask=Image.open(maskPath)
    #实时变化面具的大小
    mask=mask.resize((w,h), Image.ANTIALIAS)
    offset=(x,y)
    #把面具放在图像上
    background.paste(mask, offset, mask=mask)

background.save('out.png')
```

程序的关键在于导入 Python 的 PIL 包，这是一个 Python 中常见的图形处理工具，通过命令 from PIL import Image 实现。

程序中通过 maskPath、cascPath 指定面具和分类器的位置，通过 for 循环把面具放置在人脸上，其中 mask=Image.open(maskPath) 用于打开面具。

表情中的眼睛和香烟是同一张图，只需要进行一次人脸位置查找就可以了，表情的大小需要随着人脸的大小重新定义，通过 resized_mask=mask.resize((w,h),Image.ANTIALIAS) 实现；offset=(x,y) 定义面具的偏移，background.paste(mask，offset，mask=mask) 将面具粘贴到人脸上。

运行程序，打开生成的图片文件 out.png，如图 2.60 所示。

2.3.7 人脸比对

在百度智能云中创建人脸识别应用的步骤如下。

（1）访问百度智能云官网（www.cloud.baidu.com），登录百度智能云账号。

（2）选中"产品"|"人工智能"|"人脸识别云服务"选项，如图 2.61 所示。

（3）在出现的如图 2.62 所示的人脸识别页面中单击"立即使用"按钮。

图 2.61　服务选择

图 2.62　人脸识别页面

（4）进入管理中心,单击"创建应用"按钮,出现如图 2.63 所示的"创建新应用"页面。按顺序依次填写应用名称等信息。

（5）创建完毕后,可以看到申请到的 AppID、API Key、Secret Key,如图 2.64 所示。

应用是调用 API 服务的基本操作单元,基于应用创建成功后获取 API Key 及 Secret Key,进行接口调用操作,进行相关配置。

编写程序"人脸比对.py",代码如下：

```
import requests
from json import JSONDecoder
```

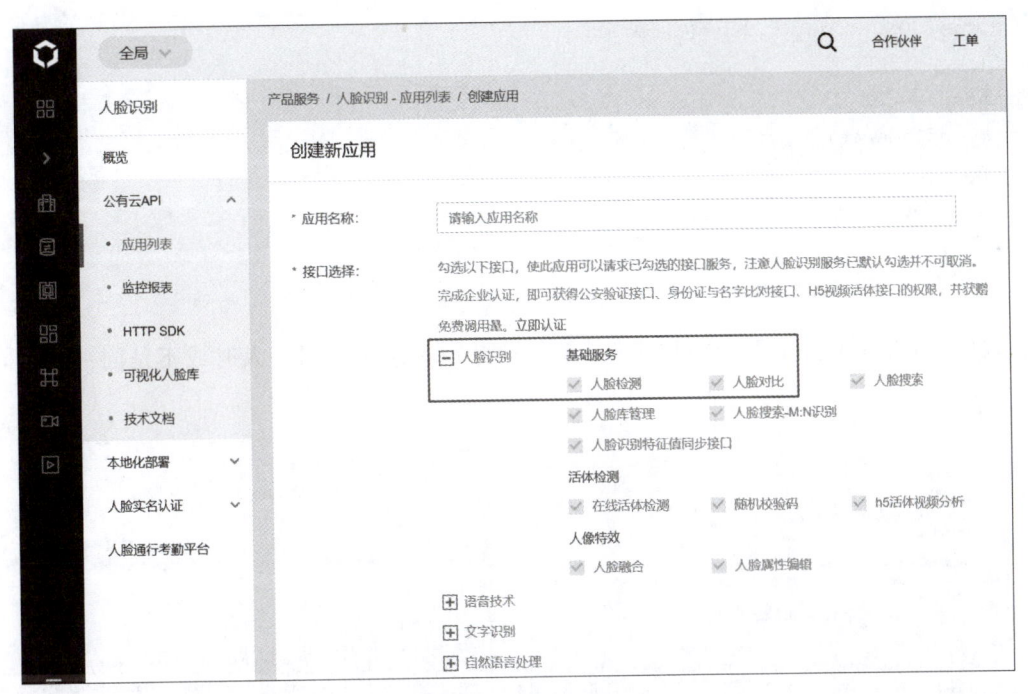

图 2.63　创建新应用

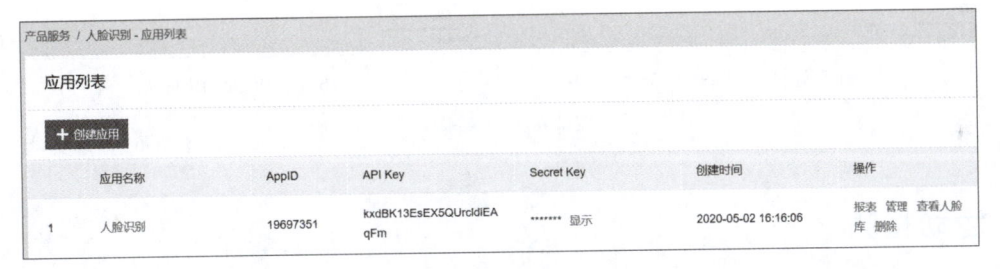

图 2.64　应用详情

```
import cv2

compare_url="https://api-cn.faceplusplus.com/facepp/v3/compare"
key="your key"
secret="your secret"

faceId1="one.jpg"
faceId2="one1.jpg"
data={"api_key": key, "api_secret": secret}
files={"image_file1": open(faceId1, "rb"), "image_file2": open(faceId2, "rb")}
response=requests.post(compare_url, data=data, files=files)

req_con=response.content.decode('utf-8')
```

```
req_dict=JSONDecoder().decode(req_con)
print(req_dict)
confidence=req_dict['confidence']
print(confidence)
if confidence>=65:
    print('是同一个人')
else:
    print('不是同一个人')
```

运行程序,当同一个目录下的图片文件 one.jpg 与 one1.jpg 是同一人时或不是同一人时,结果如图 2.65 所示。

(a) 比对图片为同一人

(b) 比对图片为不同人

图 2.65　人脸比对

2.3.8　运动检测

OpenCV 的运动检测有两种方法,由于树莓派的性能无法支持 OpenCV 以平滑的方式进行庞大数据集的处理,所以使用简单的二帧法,即指定某帧为比较帧(通常为视频的第一帧),然后将视频中的每帧与比较帧进行比较,将发生变化的像素识别出来。这种方法的优点是计算量小,这就是选择它的理由。

首先下载必要的包,执行命令:

```
pip3 install imutils
```

安装完成后如图 2.66 所示。

图 2.66　imutils 包

编写程序 motion_detected_simple.py，代码如下：

```python
from imutils.video import VideoStream
import argparse
import datetime
import imutils
import time
import cv2

#使用参数解释器简化对参数的控制
ap=argparse.ArgumentParser()
ap.add_argument("-v", "--video", help="path to the video file")
ap.add_argument("-a", "--min-area", type=int, default=500, help="minimum area size")
args=vars(ap.parse_args())

#使用USB摄像头
if args.get("video", None) is None:
    vs=VideoStream(src=0).start()
    time.sleep(2.0)
#如果没有找到camera,查看是否本地有video
else:
    vs=cv2.VideoCapture(args["video"])
#初始化
firstFrame=None

while True:
    #把第一帧设置为比较帧
    frame=vs.read()
    frame=frame if args.get("video", None) is None else frame[1]
    text="Unoccupied"
    if frame is None:
        break
    #重定义frame的大小,灰度图转换
    frame=imutils.resize(frame, width=500)
    gray=cv2.cvtColor(frame,cv2.COLOR_BGR2GRAY)
    gray=cv2.GaussianBlur(gray,(21,21),0)
    if firstFrame is None:
        firstFrame=gray
        continue
    #计算第一帧和当前帧的差值absdiff
    frameDelta=cv2.absdiff(firstFrame, gray)
    thresh=cv2.threshold(frameDelta, 25, 255, cv2.THRESH_BINARY)[1]
    #对图像进行膨胀,找到差值所在位置
    thresh=cv2.dilate(thresh, None, iterations=2)
    cv2.imshow("Security Feed", frame)
```

```python
        cv2.imshow("Thresh", thresh)
        cv2.imshow("Frame Delta", frameDelta)
        key=cv2.waitKey(1) & 0xFF
        if key==ord("q"):
            break
vs.stop() if args.get("video", None) is None else vs.release()
cv2.destroyAllWindows()
```

程序运行效果如图 2.67 所示,在出现新目标时,能清晰地锁定目标。

当整体环境不发生变化时,能够在短时间内准确地找到运动物体并作为目标,将发生变化的像素识别出来。这种方法虽然非常容易实现,但是有很明显的缺点。很多时候设置比较帧进行运算的方法无法满足商业的需求且不够灵活。这是因为随着时间的推移,光照强度、气候、能见度都会发生频繁的变化。

图 2.67 锁定目标

人们需要一种有一定学习能力或者算法的解决方案来更智能地区分运动目标和背景环境。实现方法就是使用 KNN 或类似方法构建背景分割器。

2.3.9 KNN 背景分割器

OpenCV 中有 KNN、MOG2 和 GMG 3 种背景分割器。背景分割器使用了 BackgroundSubtractor 进行视频分析,即 BackgroundSubtractor 会对之前每帧的环境进行学习。

编写程序 KNN.py,代码如下:

```python
import cv2
import numpy as np

#构建背景分割器 KNN
bs=cv2.createBackgroundSubtractorKNN(detectShadows=True)
camera=cv2.VideoCapture(0)
camera.set(3,320)
camera.set(4,160)
ret,frame=camera.read()

while True:
    ret,frame=camera.read()
    #计算前景掩码
    fgmask=bs.apply(frame)
    th=cv2.threshold(fgmask.copy(),244,255,cv2.THRESH_BINARY)[1]
    #设定阈值,前景掩码含有前景的白色值和阴影的灰色
    th=cv2.erode(th,cv2.getStructuringElement(cv2.MORPH_ELLIPSE,(3,3)),iterations=2)
    dilated=cv2.dilate(th,cv2.getStructuringElement(cv2.MORPH_ELLIPSE,(3,3)),iterations=2)
    image, hier=cv2.findContours(dilated, cv2.RETR_EXTERNAL, cv2.CHAIN_APPROX_SIMPLE)

    cv2.imshow("mog",fgmask)
    cv2.imshow("detection",frame)
```

```
        if (cv2.waitKey(30)&0xFF)==27:
            break
        if (cv2.waitKey(30)&0xFF)==ord('q'):
            break
camera.release()
cv2.destroyAllWindows()
```

程序首先通过 bs＝cv2.createBackgroundSubtractorKNN(detectShadows＝True)构建背景分割器。在光照环境下,物体都会产生影子,但实际上影子并不属于运动目标的一部分,detectShadows＝True 的意思是计算阴影,通过计算阴影,可以将图像中的阴影区域排除,提高准确性。

通过 fgmask＝bs.apply(frame)语句计算前景掩码,这种方法的核心是.apply()方法,后台需要很大的计算量。这个函数能够返回前景掩码,从而区别哪些对象是背景,哪些物体是目标,得到目标之后再将目标的轮廓检测出来就可以了。

运行程序,效果如图 2.68 所示。

(a) 分析图   (b) 实景图

图 2.68　KNN 效果

在这种方式中,背景有"学习"的能力,会在短时间内识别不感兴趣区域的状态,因此外部光照环境等因素的影响将不存在。

第 3 章　树莓派的 GPIO

通俗地说，GPIO(general purpose I/O ports，通用输入输出端口)就是一些引脚，可以通过它们输出高低电平或者读入引脚的状态(高电平或低电平)。树莓派的 GPIO 如图 3.1 所示。

BCM编码	功能名	物理引脚BOARD编码		功能名	BCM编码
	3.3V	1	2	5V	
2	SDA.1	3	4	5V	
3	SCL.1	5	6	GND	
4	GPIO.7	7	8	TXD	14
	GND	9	10	RXD	15
17	GPIO.0	11	12	GPIO.1	18
27	GPIO.2	13	14	GND	
22	GPIO.3	15	16	GPIO.4	23
	3.3V	17	18	GPIO.5	24
10	MOSI	19	20	GND	
9	MISO	21	22	GPIO.6	25
11	SCLK	23	24	CE0	8
	GND	25	26	CE1	7
0	SDA.0	27	28	SCL.0	1
5	GPIO.21	29	30	GND	
6	GPIO.22	31	32	GPIO.26	12
13	GPIO.23	33	34	GND	
19	GPIO.24	35	36	GPIO.27	16
26	GPIO.25	37	38	GPIO.28	20
	GND	39	40	GPIO.29	21

(a) 实物参考卡片　　　　(b) 引脚对照关系

图 3.1　树莓派的 GPIO

GPIO 是一个比较重要的概念。用户可以通过 GPIO 与硬件进行数据交互(如 UART)、控制硬件工作(如 LED、蜂鸣器等)、读取硬件的工作状态信号(如中断信号)等。利用它们可以与外界交互，对树莓派进行各种各样的扩展，作为可编程开关控制其他事务，以及接收外界的信息。

GPIO 的使用非常广泛。掌握了 GPIO，就具备了操作硬件的能力。数字艺术家可以使用它们创建交互式显示，机器人建造者可使用它们提升自己的作品。

在开始构建电路之前，首先需要知道如何连接树莓派的 GPIO。

1. 内转外接头

使用内转外接头是最简单的选择。作为转接头，内接头可以连接 GPIO 引脚，外接头可以插入面包板，这是访问 GPIO 的最简便方法。

2. GPIO 扩展板(T 型转接板)

可以使用 40P 排线将树莓派的 GPIO 引脚通过 GPIO 扩展板连接起来，如图 3.2 所示。注意，连接的时候，必须将 40P 排线上有"小三角"符号的一端(1 号脚)对准树莓派的引脚 1(图 3.2 中被排线遮住的下方引脚)。如果插反，则会导致树莓派被烧坏。

一旦在 GPIO 上连接了其他硬件，就有可能直接给 CPU 供电，也就有可能将其损坏。绝对不能将 3.3V 电压连接到 GPIO 上。这一点非常重要，需要特别注意。

图 3.2　GPIO 扩展板与树莓派通过 40P 排线连接

与使用内转外接头相比，GPIO 虽然没有提供任何新特性，但是看起来更整洁，也不容易混淆引脚。

3. 无焊面包板

无论选择上述哪种方式，都需要使用面包板。通过它可以快速地将各个组件的电路连接在一起，完成之后可以轻松拆除。

面包板有不同的尺寸，但基本排列十分类似。在典型面包板的长边上，有两条平行接口，用来连接电源的正负极。它们中间是两排插孔，插孔中间留有间隙。与长边垂直的每 5 个孔板常用一条金属条连接。面包板中央的一条凹槽，是为需要集成电路、芯片的试验而设计的。

可以将元器件直接插入孔中，使用公对公连接线或者小段单芯线缆将各个元件连接起来。

通过树莓派的 I/O 口可以外接很多外设，如伺服电动机、红外发送接收模块、继电器、步进电动机、各类兼容传感器、屏幕等，通过这些外设可以进行很多有趣的设计。

4. RPi.GPIO

对于 Python 用户，可以使用 RPi.GPIO 提供的 API 对 GPIO 进行编程，RPi.GPIO 是一个控制树莓派 GPIO 通道的模块，它提供了一个类来控制树莓派上的 GPIO。通常在文件开头使用 import RPi.GPIO as GPIO 导入。

大多数树莓派的镜像默认安装了 RPi.GPIO，可以直接使用它。如果没有，则可以通过执行命令 sudo apt-get install python-dev 进行安装。

3.1　LED

树莓派 GPIO 控制输出的入门案例都是从控制 LED（light emitting diode，发光二极管）开始。

3.1.1　七彩 LED

图 3.3 所示的七彩 LED 上电后，会自动闪烁内置的颜色，常用于制作迷人的灯光效果，原理如图 3.4 所示。

树莓派的功能名、BCM 编码、物理引脚与七彩 LED 引脚之间的关系如表 3.1 所示，T 型转接板与 RGB LED 之间的连线如图 3.5 所示。实物如图 3.6 所示，七彩 LED 的 S 引脚连接 VCC，中间引脚连接 GND。

图 3.3 七彩 LED

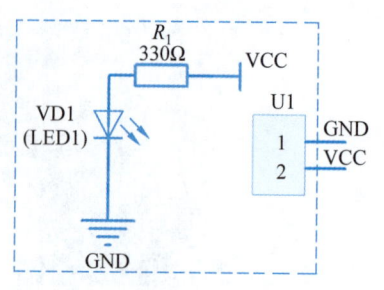

图 3.4 七彩 LED 的原理

表 3.1 树莓派与七彩 LED 引脚之间的关系

功 能 名	BCM 编码（T 型转接板）	物理引脚（BOARD 编码）	七彩 LED 模块的引脚
5V	5V	2、4	VCC
GND	GND	GND	GND

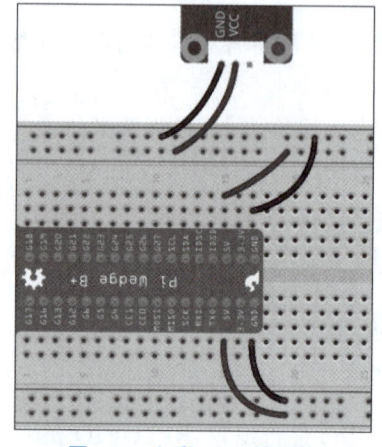

图 3.5 七彩 LED 的连线

图 3.6 七彩 LED 的实物

3.1.2 双色 LED

双色 LED 能够发出两种不同的颜色，经常用作电视机、数字照相机和遥控器的指示灯，实验用的双色 LED 如图 3.7 所示（"－"引脚对应 GND，中间引脚对应 R，S 引脚对应 G）。

本实验将引脚 R 和 G 连接到树莓派的 GPIO，对树莓派进行编程，将 LED 的颜色从红色变为绿色，然后使用 PWM(pulse width modulation，脉宽调制)混合成其他颜色。原理如图 3.8 所示。

图 3.7 双色 LED

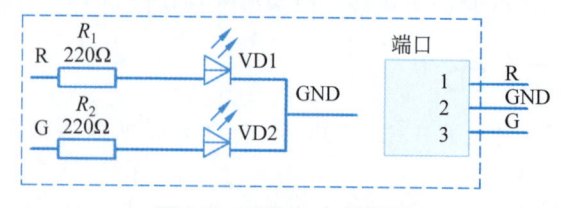

图 3.8 双色 LED 的原理

1. 电路连接

树莓派的功能名、BCM 编码、物理引脚与双色 LED 引脚之间的关系如表 3.2 所示，T 型转接板与双色LED之间的连线如图3.9所示,实物如图3.10所示。注意,不同的实物引脚顺序有所不同,图3.7所示的实物,其"—"引脚对应GND,中间引脚对应R,S引脚对应G。

表3.2 树莓派与双色LED引脚之间的关系

功 能 名	BCM编码(T型转接板)	物理引脚(BOARD编码)	双色LED模块的引脚
GPIO.0	17	11	R
GPIO.1	18	12	G
GND	GND	GND	GND

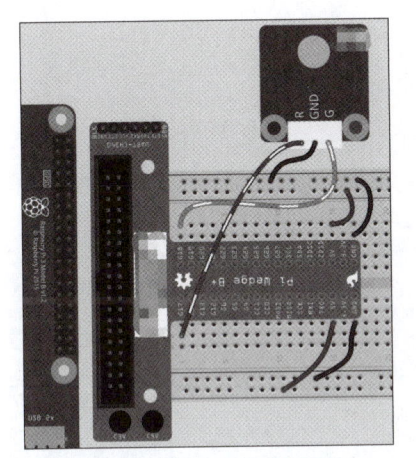

图3.9 双色LED的连线

图3.10 双色LED的实物

2. 软件编写

在pi目录下新建文件夹book,在book目录下新建文件ch3.1.2.py,代码如下:

```python
#!/usr/bin/env python
import RPi.GPIO as GPIO
import time

colors=[0xFF0000, 0x00FF00, 0x0FF000, 0xF00F00]
pins={'pin_R':11, 'pin_G':12}

GPIO.setmode(GPIO.BOARD)
for i in pins:
    GPIO.setup(pins[i], GPIO.OUT)
    GPIO.output(pins[i], GPIO.HIGH)

p_R=GPIO.PWM(pins['pin_R'], 2000)
p_G=GPIO.PWM(pins['pin_G'], 2000)

p_R.start(0)
p_G.start(0)
```

```python
    def map(x, in_min, in_max, out_min, out_max):
        return (x-in_min)*(out_max-out_min) / (in_max-in_min)+out_min

    def setColor(col):
        R_val=(col&0xFF0000)>>16
        G_val=(col&0x00FF00)>>8

        R_val=map(R_val, 0, 255, 0, 100)
        G_val=map(G_val, 0, 255, 0, 100)

        p_R.ChangeDutyCycle(R_val)
        p_G.ChangeDutyCycle(G_val)

    def loop():
        while True:
            for col in colors:
                setColor(col)
                time.sleep(0.5)

    def destroy():
        p_R.stop()
        p_G.stop()
        for i in pins:
            GPIO.output(pins[i], GPIO.HIGH)
        GPIO.cleanup()

    if __name__=="__main__":
        try:
            loop()
        except KeyboardInterrupt:
            destroy()
```

(1) 语句 if __name__=="__main__": 的含义。对于很多编程语言来说，程序都必须要有一个入口，例如 C、C++，以及完全面向对象的编程语言 Java、C♯等。

C 和 C++ 都需要有一个 main() 函数来作为程序的入口，也就是程序的运行会从 main() 函数开始。同样，Java 和 C♯必须要有一个包含 main() 方法的主类作为程序入口。而 Python 则不同，它属于脚本语言，不像编译型语言那样，先将程序编译成二进制再运行，而是动态地逐行解释运行。也就是从脚本第一行开始运行，没有统一的入口。

一个 Python 源码文件除了可以被直接运行外，还可以作为模块（也就是库）被导入。不管是导入还是直接运行，最高层的代码都会被运行（Python 用缩进来区分代码层次），而在实际导入时，有一部分代码是不希望被运行的。例如，有一个 const.py 文件，代码及运行结果如图 3.11 所示。在这个文件里定义了 PI 为 3.14，然后又写了一个 main() 函数来输出定义的 PI，最后运行 main() 函数就相当于对定义做一遍人工检查，看看值设置得对不对。

又如，有一个 area.py 文件用于计算圆的面积。该文件需要用到 const.py 文件中的 PI，那么从 const.py 中把 PI 导入 area.py 中，代码及运行结果如图 3.12 所示。

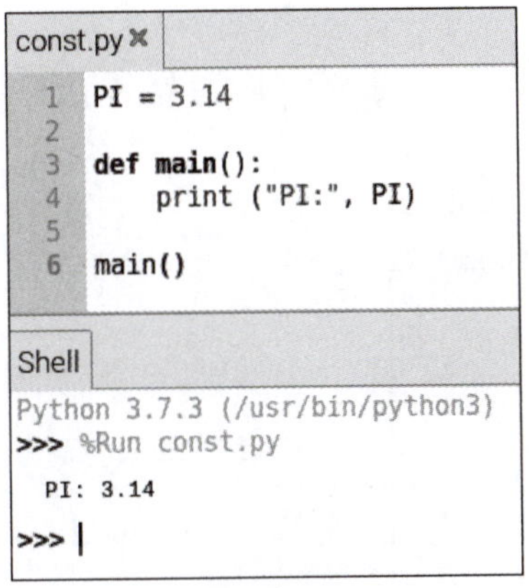

图 3.11　const.py 程序及运行结果

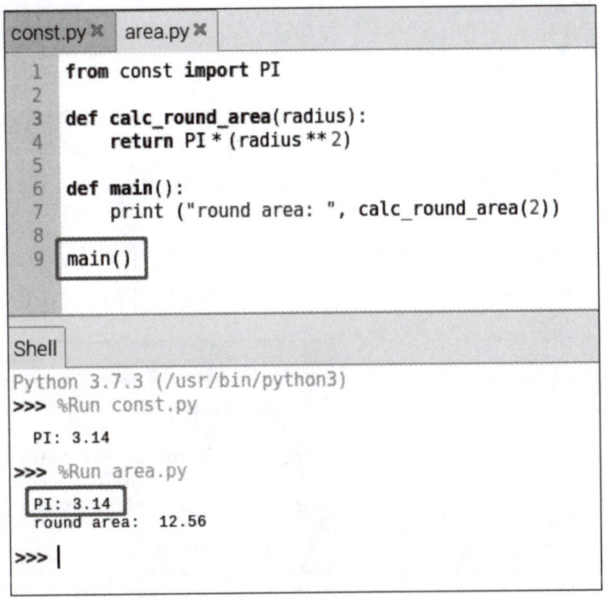

图 3.12　area.py 程序及运行结果

可以看到，const 中的 main()函数也被运行了，实际上是不希望它被运行，提供 main()也只是为了对常量定义进行测试。这时，if __name__ == '__main__' 就派上了用场。修改 const.py 代码，再运行 area.py，修改的代码以及输出结果如图 3.13 所示，这才是想要的效果。

if __name__ == '__main__' 就相当于 Python 模拟的程序入口。Python 本身并没有规定这么写，这只是一种编码习惯。由于模块之间相互引用，不同模块可能都有这样的定义，而入口程序只能有一个。到底哪个入口程序被选中，取决于 __name__ 的值。

结论：if __name__ == '__main__' 的意思就是，当模块被直接运行时，以下代码块将被运行，当模块是被导入时，代码块不被运行。

（2）异常处理。异常即是一个事件，该事件会在程序执行过程中发生，影响程序的正常执行。一般情况下，在 Python 无法正常处理程序时就会发生一个异常。当 Python 发生异常时需要捕获处理它，否则程序将会终止执行。

捕捉异常可以使用 try…except 语句，try…except 语句用来检测 try 语句块中的错误，从而让 except 语句捕获异常信息并处理。

以下为简单的 try…except…else 的语法。

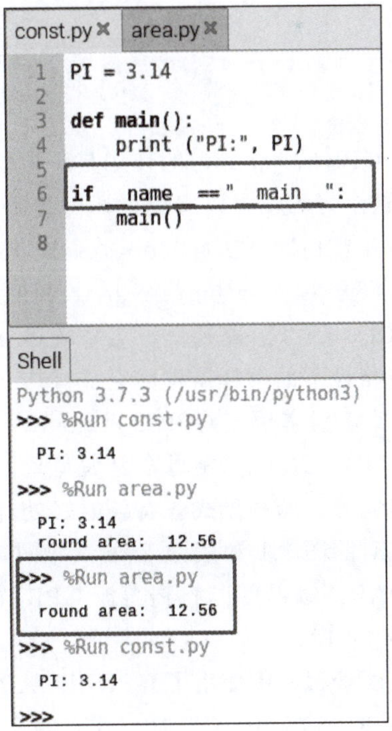

图 3.13　if __name__ == '__main__'的作用

```
try:
    <语句>                #运行别的代码
except <名字>:
    <语句>                #如果在try部分引发了'name'异常
except <名字>,<数据>:
    <语句>                #如果引发了'name'异常,获得附加的数据
else:
    <语句>                #如果没有异常发生
```

在如图 3.14 所示的程序中,发生异常时执行函数 destroy(),关闭所有的 LED。其中,KeyboardInterrupt 表示用户中断执行(通常是按 Ctrl+C 键)。

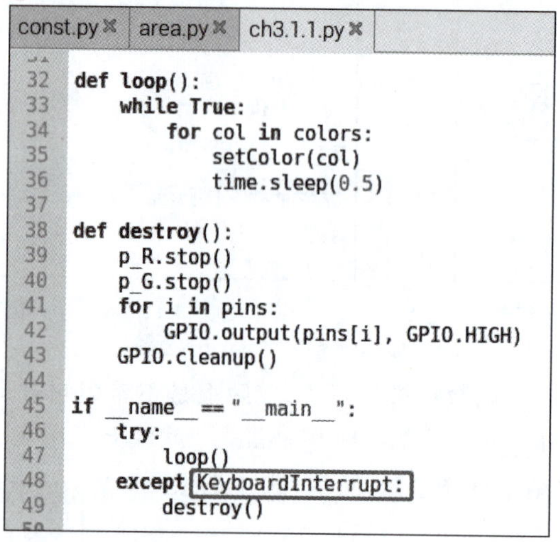

```
def loop():
    while True:
        for col in colors:
            setColor(col)
            time.sleep(0.5)

def destroy():
    p_R.stop()
    p_G.stop()
    for i in pins:
        GPIO.output(pins[i], GPIO.HIGH)
    GPIO.cleanup()

if __name__ == "__main__":
    try:
        loop()
    except KeyboardInterrupt:
        destroy()
```

图 3.14　异常处理

GPIO.cleanup()的作用是释放脚本中使用的 GPIO 引脚。一般来说,程序到达最后都需要释放资源,这个好习惯可以避免损坏树莓派。

正常情况下执行 loop()函数,循环执行 setColor(col)函数和 time.sleep(0.5)方法(休息 0.5s)。

(3) ♯!/usr/bin/env python 的作用。这条语句的作用是防止操作系统用户没有将 Python 安装在默认的/usr/bin 路径里。当系统运行到这行时,首先会到 env 设置里查找 Python 的安装路径,再调用对应路径下的解释器程序完成操作。

(4) 设置模式 GPIO.setmode。GPIO.setmode(mode) 的 mode 参数有两个值:GPIO.BOARD 和 GPIO.BCM(注意,字母全是大写)。前者告诉程序按物理位置找 GPIO(或者称 channel),后者按 GPIO 端口编号。两种模式各有各的好处,前者方便查找,后者方便程序在不同的树莓派版本上运行。

对照图 3.1 和表 3.2,树莓派 GPIO 的 0 端口(GPIO.0),对应 BCM 编码为 17,对应物理引脚(BOARD 编码)为 11;树莓派 GPIO 的 1 端口(GPIO.1),对应 BCM 编码为 18,对应物理引脚(BOARD 编码)为 12。

由于程序中使用了 GPIO.BOARD,所以 GPIO.setmode(GPIO.BOARD) 上面一行的代码,pins={'pin_R': 11, 'pin_G': 12},代表的是物理引脚 11 和 12,即 GPIO.0 和 GPIO.1。

(5) 设置 GPIO 的输入和输出 GPIO.setup。GPIO.setup(channel,mode) 的参数 channel 就是要用的 GPIO,参数 mode 分为输入 GPIO.IN 和输出 GPIO.OUT。

GPIO.output(channel，GPIO.HIGH)表示输出高电平，就是输出信号 1；GPIO.output(channel，GPIO.LOW)表示输出低电平，就是输出信号 0。

(6) 设置调制脉宽，输出模拟信号 GPIO.PWM。树莓派本身既不能接收模拟信号，也不能输出模拟信号，要么输出 1，要么输出 0。不过可以通过改变数字信号的输出占空比(Duty Cycle，就是一个周期内 GPIO 的打开时间占总时间的比例)，使输出效果近似模拟信号。

占空比是指在一个周期内，信号处于高电平的时间占据整个信号周期的百分比，如图 3.15 所示。

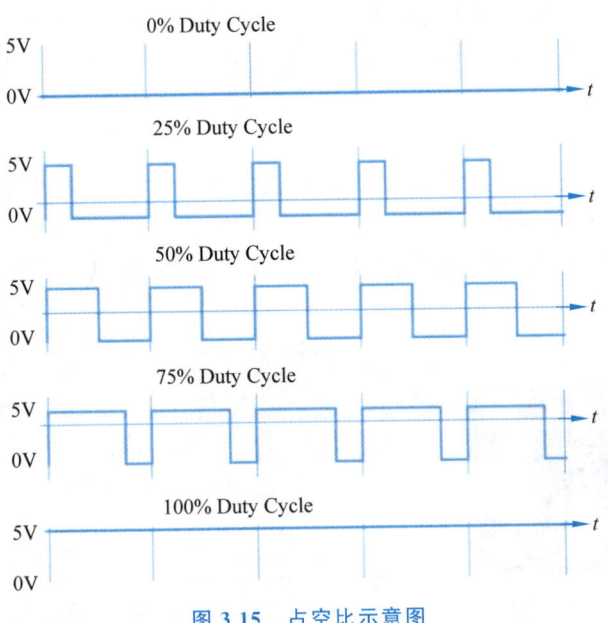

图 3.15　占空比示意图

对于 LED 的光度调节，有一个传统办法，就是串联一个可调电阻，改变电阻值，灯的亮度就会改变。另一个办法是脉宽调制。该方法不用串联电阻，而是串联一个开关。假设在 1s 内，有 0.5s 的时间开关是打开的，0.5s 关闭，那么灯就亮 0.5s，灭 0.5s。这样持续下去，灯就会闪烁。如果把频率调高一点，例如 1ms(即 0.5ms 开，0.5ms 灭)，那么灯的闪烁频率就很高。当闪烁频率超过一定值时，人眼就会感觉不到，所以这时看不到灯的闪烁，只看到灯的亮度只有原来的一半。同理，如果 1ms 内(即 0.1ms 开，0.9ms 灭)，那么灯的亮度就只有原来的1/10。这就是 PWM 的基本原理。

在 GPIO.PWM(channel，frequency) 中，参数 channel 是 GPIO，参数 frequency 是频率。代码 GPIO.PWM(pins['pin_R']，2000)和 GPIO.PWM(pins['pin_G']，2000)，就是给 GPIO.0 和 GPIO.1(物理引脚 11 和 12)设置 2kHz 的频率。

在函数 setColor(col)中，ChangeDutyCycle(dc) 的作用就是改变占空比(0.0<=dc<=100.0)，确定"开启"时间与常规时间的比例。

(7) setColor(col)函数。在 loop() 中，执行循环 for col in colors。对于程序开始时的代码 colors=[0xFF0000，0x00FF00，0x0FF000，0xF00F00] 中的每个颜色，在 setColor(col) 函数中执行(col & 0xFF0000)>>16 和(col & 0x00FF00)>>8。

RGB 颜色是由红(Red)、绿(Green)、蓝(Blue)三原色组成的，所以可以使用这 3 个颜色的组合来代表一种具体的颜色，其中 R、G、B 的每个数值都为 0~255 的整数。

在表达颜色的时候，既可以使用 3 个十进制数字来表达，也可以使用 0x00RRGGBB 格式的十六进制来表达。下面是常见颜色的表达形式：红色(255，0，0)或 0x00FF0000、绿色(0，255，0)或

0x0000FF00、蓝色(255,255,255)或 0x00FFFFFF。

语句(col & 0x00ff0000)>>16 的含义是,首先将颜色值与十六进制表示的 00ff0000 进行"与"运算,运算结果除了表示红色的数字值之外,GGBB 部分颜色都为 0。再将结果向右移位 16 位,得到的就是红色的值。所以这句代码主要用来从一个颜色中抽取其组成色(红色)的值。

同样也可以通过代码(color & 0x0000ff00)>>8 得到绿色的值,代码(col & 0x000000ff)>>0 得到蓝色的值。

由于双色 LED 只有两种颜色(红和绿),所以程序在得到 R_val 和 G_val 的值后,通过 map() 函数得到 0~100 的占空比。最后执行 ChangeDutyCycle,实现 LED 从红色到绿色,再到混合色的效果。

3.1.3　RGB LED

RGB LED 可以发出各种颜色的光,红色、绿色和蓝色的 3 个 LED 被封装在透明或半透明的塑料外壳中,并带有 4 个引脚,如图 3.16 所示。

红色、绿色和蓝色三原色可以按照亮度混合并组合各种颜色,可以通过控制电路使 RGB LED 发出彩色光。原理如图 3.17 所示。

图 3.16　RGB LED

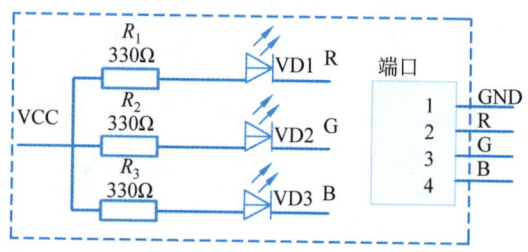

图 3.17　RGB LED 的原理

1. 电路连接

树莓派的功能名、BCM 编码、物理引脚与 RGB LED 模块的引脚之间的关系如表 3.3 所示,T 型转接板与 RGB LED 模块之间的连线如图 3.18 所示,实物如图 3.19 所示。

表 3.3　树莓派与 RGB LED 引脚之间的关系

功 能 名	BCM 编码(T 型转接板)	物理引脚(BOARD 编码)	RGB LED 模块的引脚
GPIO.0	17	11	R
GPIO.1	18	12	G
GPIO.2	27	13	B
GND	GND	GND	GND

2. 软件编写

在 book 目录下新建文件 ch3.1.3.py,代码如下:

```
#!/usr/bin/env python
import RPi.GPIO as GPIO
import time
colors=[0xFF0000, 0x00FF00, 0x0000FF, 0xFFFF00, 0xFF00FF, 0x00FFFF]
```

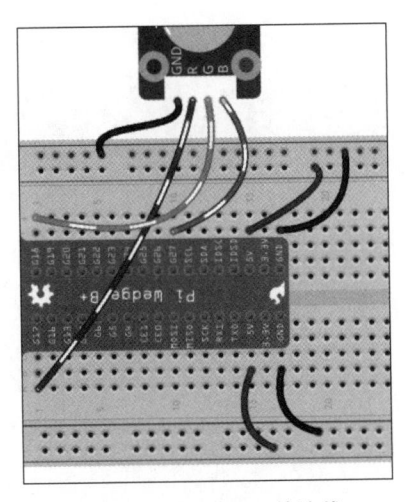

图 3.18　RGB LED 的连线

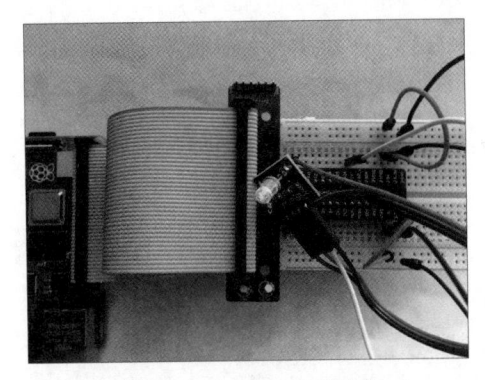

图 3.19　RGB LED 的实物

```
R=11
G=12
B=13

def setup(Rpin, Gpin, Bpin):
    global pins
    global p_R, p_G, p_B
    pins={'pin_R': Rpin, 'pin_G': Gpin, 'pin_B': Bpin}
    GPIO.setmode(GPIO.BOARD)
    for i in pins:
        GPIO.setup(pins[i], GPIO.OUT)
        GPIO.output(pins[i], GPIO.HIGH)

    p_R=GPIO.PWM(pins['pin_R'], 2000)
    p_G=GPIO.PWM(pins['pin_G'], 1999)
    p_B=GPIO.PWM(pins['pin_B'], 5000)

    p_R.start(100)
    p_G.start(100)
    p_B.start(100)

def map(x, in_min, in_max, out_min, out_max):
    return (x-in_min)*(out_max-out_min)/(in_max-in_min)+out_min

def off():
    for i in pins:
        GPIO.output(pins[i], GPIO.HIGH)

def setColor(col):
    R_val=(col & 0xff0000)>>16
    G_val=(col & 0x00ff00 >>8
```

```python
            B_val=(col & 0x0000ff)>>0

            R_val=map(R_val, 0, 255, 0, 100)
            G_val=map(G_val, 0, 255, 0, 100)
            B_val=map(B_val, 0, 255, 0, 100)

            p_R.ChangeDutyCycle(100-R_val)
            p_G.ChangeDutyCycle(100-G_val)
            p_B.ChangeDutyCycle(100-B_val)

def loop():
    while True:
        for col in colors:
            setColor(col)
            time.sleep(1)

def destroy():
    p_R.stop()
    p_G.stop()
    p_B.stop()
    off()
    GPIO.cleanup()

if __name__=="__main__":
    try:
        setup(R, G, B)
        loop()
    except KeyboardInterrupt:
        destroy()
```

此代码与上一节大同小异。运行程序,可以看到RGB LED灯点亮,并依次显示不同的颜色。

3.2 继电器

继电器是一种电控制器件,在输入量的变化达到规定要求时,可使电气输出电路的被控量发生预定的阶跃变化,通常应用于自动化控制电路中控制器与受控设备之间的隔离,如图3.20所示。

继电器的基本原理是利用电磁效应控制机械触点实现通或断。当继电器通电时,电流开始流经控制线圈,电磁铁开始通电,衔铁被吸到线圈上,将动触点拉动,从而与常开触点连接,使带负载的电路通电;当继电器断电时,在弹簧的作用下,动触点被拉到常闭触点,使带负载的电路断电。这样,继电器的接通和断开就可以控制负载电路的状态。当需要用小信号控制大电流或电压时,继电器非常有用,在电路中起着自动调节、安全保护、转换电路的作用。

图 3.20 继电器

继电器的原理如图3.21所示。

图 3.21 继电器的原理

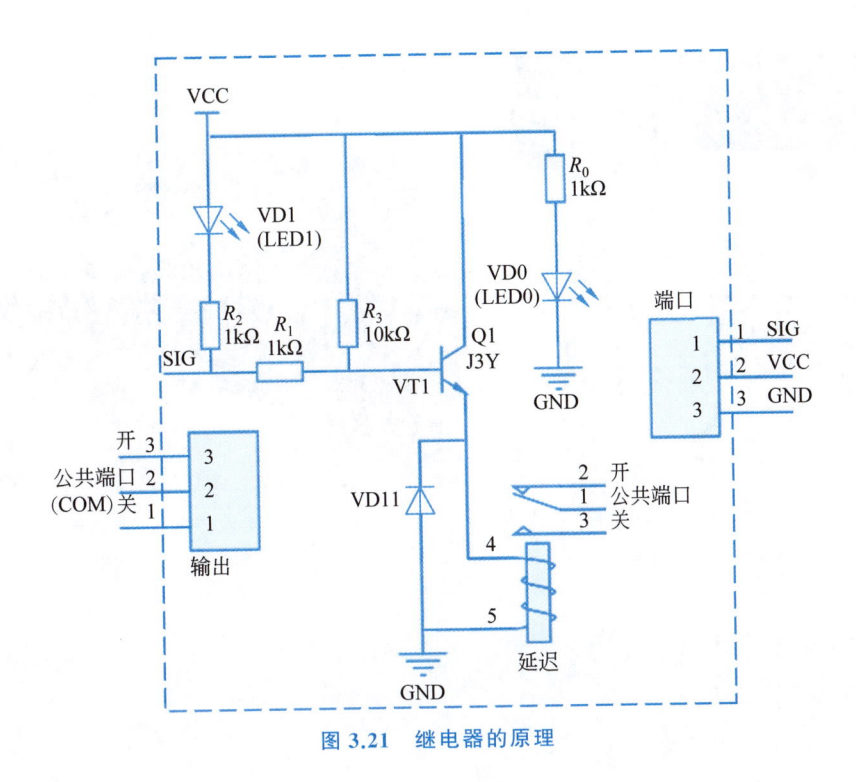

1. 电路连接

树莓派的功能名、BCM 编码、物理引脚与继电器模块的引脚之间的关系如表 3.4 所示,继电器模块与双色 LED 模块的引脚之间的关系如表 3.5 所示。

表 3.4 树莓派与继电器引脚之间的关系

功 能 名	BCM 编码(T 型转接板)	物理引脚(BOARD 编码)	继电器模块的引脚
GPIO.0	17	11	SIG
5V	5V	2	VCC
5V	5V	4	COM
GND	GND	GND	GND

表 3.5 继电器与双色 LED 引脚之间的关系

继电器模块的触点	BCM 编码(T 型转接板)	双色 LED 模块的引脚
常开		R
	GND	GND
常闭		G

T 型转接板、继电器、双色 LED 的连线如图 3.22 所示,实物如图 3.23 所示。

2. 软件编写

在 book 目录下新建文件 ch3.2.py,代码如下:

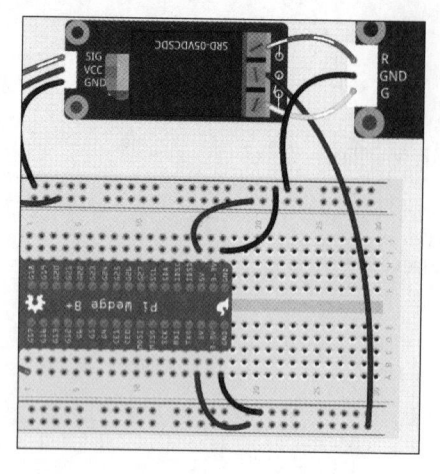

图 3.22　T 型转接板、继电器、
双色 LED 的连线

图 3.23　T 型转接板、继电器、
双色 LED 的实物

```python
#!/usr/bin/env python
import RPi.GPIO as GPIO
import time

RelayPin=11

def setup():
    GPIO.setmode(GPIO.BOARD)
    GPIO.setup(RelayPin, GPIO.OUT)
    GPIO.output(RelayPin, GPIO.HIGH)

def loop():
    while True:
        print('...relayd on')
        GPIO.output(RelayPin, GPIO.LOW)
        time.sleep(0.5)
        print('relay off...')
        GPIO.output(RelayPin, GPIO.HIGH)
        time.sleep(0.5)

def destroy():
    GPIO.output(RelayPin, GPIO.HIGH)
    GPIO.cleanup()

if __name__=='__main__':
    setup()
    try:
        loop()
    except KeyboardInterrupt:
        destroy()
```

```
if __name__=='__main__':
    setup()
    try:
        loop()
    except KeyboardInterrupt:
        destroy()
```

运行程序,可以看到激光的发射,直到按 Ctrl+C 键结束运行。

注意,千万不要将激光对着眼睛照射!

3.4 开关

本节介绍轻触开关、倾斜开关、振动开关、干簧管和触摸开关的使用。

3.4.1 轻触开关

轻触开关是使用最为频繁的电子部件,内部由一对轻触拨盘组成,按下时闭合导通,松开时自动弹开断开,如图 3.29 所示。

使用轻触开关作为树莓派的输入设备,按下按钮时,GPIO 将变为低电平(0V)。通过编程检测 GPIO 的状态,如果 GPIO 变为低电平,则表示按下按钮。原理如图 3.30 所示。

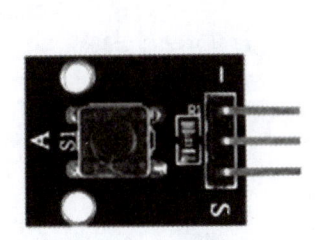

图 3.29 轻触开关

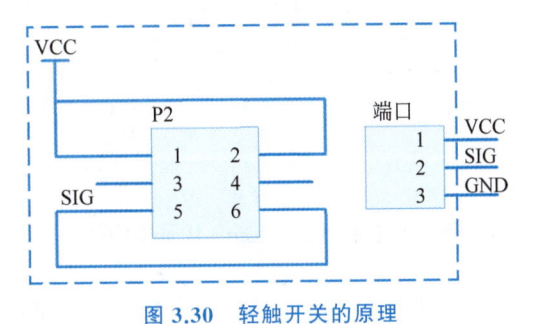

图 3.30 轻触开关的原理

1. 电路连接

树莓派的功能名、BCM 编码、物理引脚与轻触开关模块的引脚之间的关系如表 3.7 所示,与双色 LED 模块的引脚之间的关系如表 3.8 所示。

表 3.7 树莓派与轻触开关引脚之间的关系

功 能 名	BCM 编码(T 型转接板)	物理引脚(BOARD 编码)	轻触开关模块的引脚
GPIO.0	17	11	SIG
5V	5V	5V	VCC
GND	GND	GND	GND

表 3.8 树莓派与双色 LED 引脚之间的关系

功 能 名	BCM 编码（T 型转接板）	物理引脚（BOARD 编码）	双色 LED 模块的引脚
GPIO.1	18	12	R
GPIO.2	27	13	G
GND	GND	GND	GND

轻触开关的连线如图 3.31 所示，实物如图 3.32 所示。

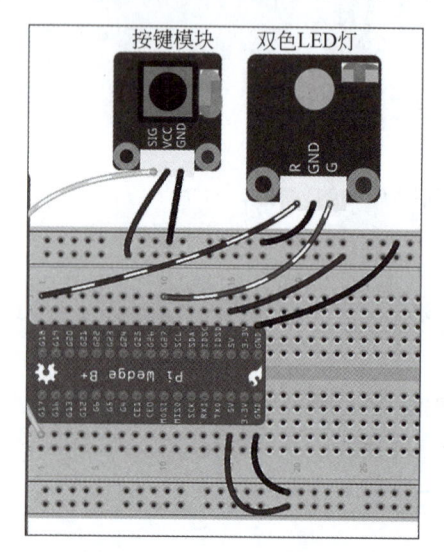

图 3.31 轻触开关的连线

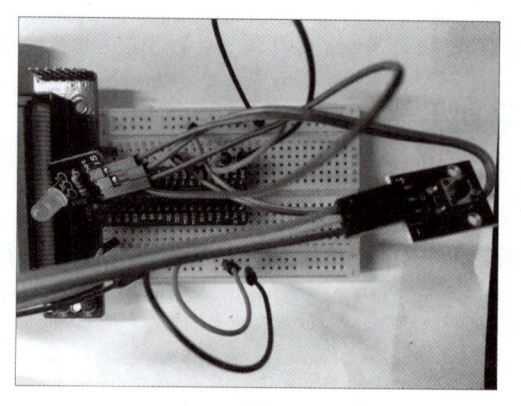

图 3.32 轻触开关的实物

2. 软件编写

在 book 目录下新建文件 ch3.4.1.py，代码如下：

```python
#!/usr/bin/env python
import RPi.GPIO as GPIO

BtnPin=11
Gpin=12
Rpin=13

def setup():
    GPIO.setmode(GPIO.BOARD)
    GPIO.setup(Gpin, GPIO.OUT)
    GPIO.setup(Rpin, GPIO.OUT)
    GPIO.setup(BtnPin, GPIO.IN, pull_up_down=GPIO.PUD_UP)
    GPIO.add_event_detect(BtnPin, GPIO.BOTH, callback=detect, bouncetime=200)

def Led(x):
    if x==0:
        GPIO.output(Rpin, 1)
```

```
        GPIO.output(Gpin, 0)
    if x==1:
        GPIO.output(Rpin, 0)
        GPIO.output(Gpin, 1)

def Print(x):
    if x==0:
        print('     ************************')
        print('     *   Button Pressed!   *')
        print('     ************************')

def detect(chn):
    Led(GPIO.input(BtnPin))
    Print(GPIO.input(BtnPin))

def loop():
    while True:
        pass

def destroy():
    GPIO.output(Gpin, GPIO.HIGH)
    GPIO.output(Rpin, GPIO.HIGH)
    GPIO.cleanup()

if __name__=='__main__':
    setup()
    try:
        loop()
    except KeyboardInterrupt:
        destroy()
```

如果需要实时监控引脚的状态变化,可以有两种方式。

最简单原始的方式是每隔一段时间检查输入的信号值,这种方式被称为轮询。如果程序读取的时机错误,则很可能会丢失输入信号。轮询是在循环中执行的,这种方式占用比较多的处理器资源。

另一种响应 GPIO 输入的方式是使用中断(边缘检测),边缘是指信号从高到低的变换(下降沿)或从低到高的变换(上升沿)。下面两个函数可以进行检测。

wait_for_edge()用于阻止程序的继续执行,直到检测到一个边沿。

add_event_detect()函数用于对引脚进行监听,一旦引脚输入状态发生了改变,调用 event_detected()函数,返回 True。

GPIO.add_event_detect(BtnPin,GPIO.BOTH,callback=detect,bouncetime=200):对 BtnPin(引脚 11)添加一个事件函数,触发条件是 GPIO.BOTH(捕获到上升沿 GPIO.RISING、捕获到下降沿 GPIO.FALLING、两者都有 GPIO.BOTH),检测到上升沿或下降沿后执行 detect()。bouncetime=200 是延迟 200ms 的意思,就是当检测到后,进入这个中断,延迟 200ms 才会执行这个中断里面的程序,这就是软件去抖。

运行程序，按下按钮，LED 发出绿光，松开按钮，绿光消失。

3.4.2 倾斜开关

带有金属球的球形倾斜开关用于检测小角度的倾斜，如图 3.33 所示。

在倾斜开关中，金属球以不同的倾斜角度移动，当它向任意一侧倾斜时，只要倾斜度和力度满足条件，开关就会通电，从而输出低电平信号。原理如图 3.34 所示。

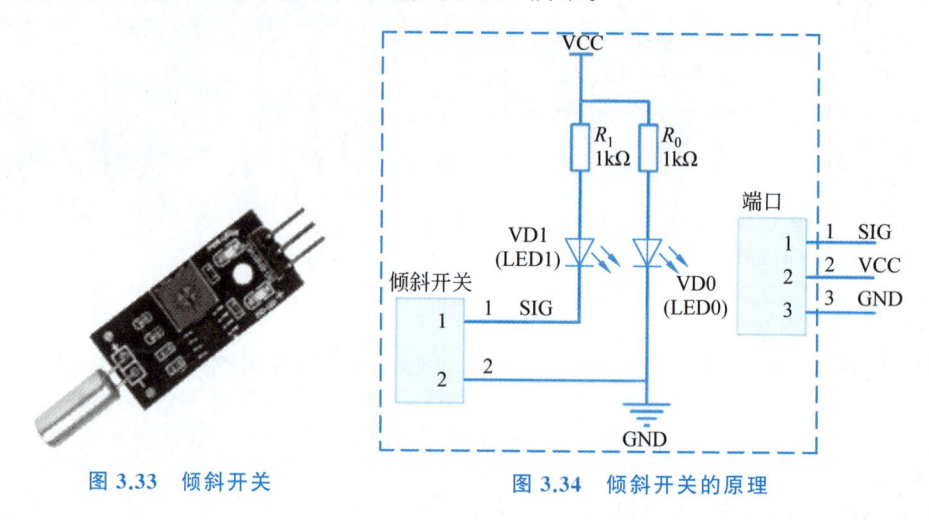

图 3.33 倾斜开关

图 3.34 倾斜开关的原理

1. 电路连接

树莓派的功能名、BCM 编码、物理引脚与倾斜开关模块的引脚之间的关系如表 3.9 所示，与双色 LED 模块的引脚之间的关系如表 3.10 所示。

表 3.9 树莓派与倾斜开关引脚之间的关系

功 能 名	BCM 编码（T 型转接板）	物理引脚（BOARD 编码）	倾斜开关模块的引脚
GPIO.0	17	11	SIG
5V	5V	5V	VCC
GND	GND	GND	GND

表 3.10 树莓派与双色 LED 引脚之间的关系

功 能 名	BCM 编码（T 型转接板）	物理引脚（BOARD 编码）	双色 LED 模块的引脚
GPIO.1	18	12	R
GPIO.2	27	13	G
GND	GND	GND	GND

倾斜开关的连线如图 3.35 所示，实物如图 3.36 所示。

2. 软件编写

在 book 目录下新建文件 ch3.4.2.py，代码如下：

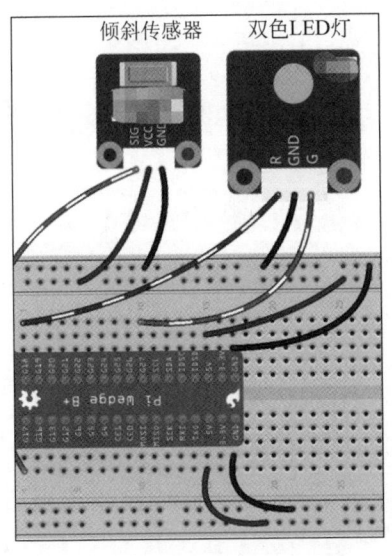

图 3.35 倾斜开关的连线

图 3.36 倾斜开关的实物

```python
#!/usr/bin/env python
import RPi.GPIO as GPIO

TiltPin=11
Gpin=12
Rpin=13

def setup():
    GPIO.setmode(GPIO.BOARD)
    GPIO.setup(Gpin, GPIO.OUT)
    GPIO.setup(Rpin, GPIO.OUT)
    GPIO.setup(TiltPin, GPIO.IN, pull_up_down=GPIO.PUD_UP)
    GPIO.add_event_detect(TiltPin, GPIO.BOTH, callback=detect, bouncetime=200)

def Led(x):
    if x==0:
        GPIO.output(Rpin, 1)
        GPIO.output(Gpin, 0)
    if x==1:
        GPIO.output(Rpin, 0)
        GPIO.output(Gpin, 1)

def Print(x):
    if x==0:
        print '    **************'
        print '    *   Tilt!   *'
        print '    **************'
```

```python
def detect(chn):
    Led(GPIO.input(TiltPin))
    Print(GPIO.input(TiltPin))

def loop():
    while True:
        pass

def destroy():
    GPIO.output(Gpin, GPIO.HIGH)
    GPIO.output(Rpin, GPIO.HIGH)
    GPIO.cleanup()

if __name__ == '__main__':
    setup()
    try:
        loop()
    except KeyboardInterrupt:
        destroy()
```

运行程序,在不同的倾斜角度下观察LED的变化情况。

3.4.3 振动开关

振动开关也称为弹簧开关或振动传感器,是一种电子开关,它会产生振动力并将结果传送给电路装置,从而触发其工作,如图3.37所示。

在振动开关中,导电的振动弹簧和触发销被精确地放置在开关体中,通常弹簧与触发销不接触,一旦摇动,弹簧就会与触发销接触,产生触发信号。原理如图3.38所示。

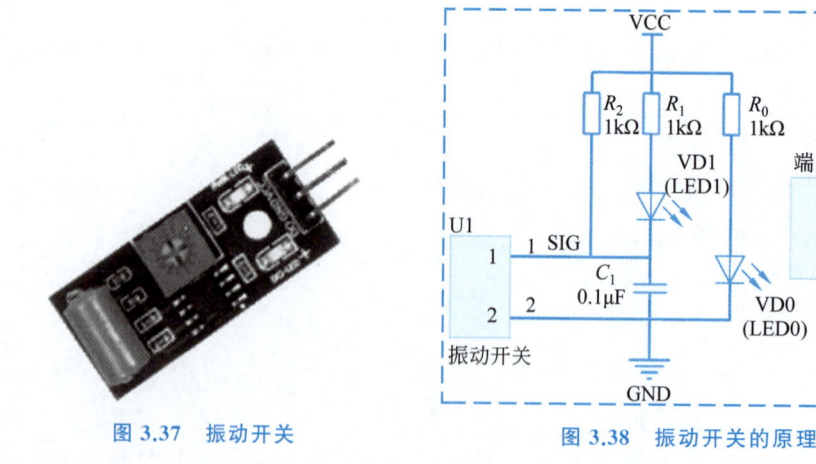

图3.37 振动开关

图3.38 振动开关的原理

1. 电路连接

树莓派的功能名、BCM编码、物理引脚以及振动开关模块的引脚之间的关系如表3.11所示,与双色LED模块的引脚之间的关系如表3.12所示。

表 3.11　树莓派与振动开关引脚之间的关系

功 能 名	BCM 编码（T 型转接板）	物理引脚（BOARD 编码）	振动开关模块的引脚
GPIO.0	17	11	SIG
5V	5V	5V	VCC
GND	GND	GND	GND

表 3.12　树莓派与双色 LED 引脚之间的关系

功 能 名	BCM 编码（T 型转接板）	物理引脚（BOARD 编码）	双色 LED 模块的引脚
GPIO.1	18	12	R
GPIO.2	27	13	G
GND	GND	GND	GND

振动开关的连线如图 3.39 所示，实物如图 3.40 所示。

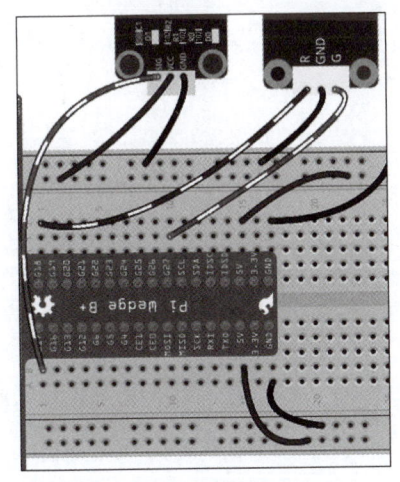

图 3.39　振动开关的连线　　　　图 3.40　振动开关的实物

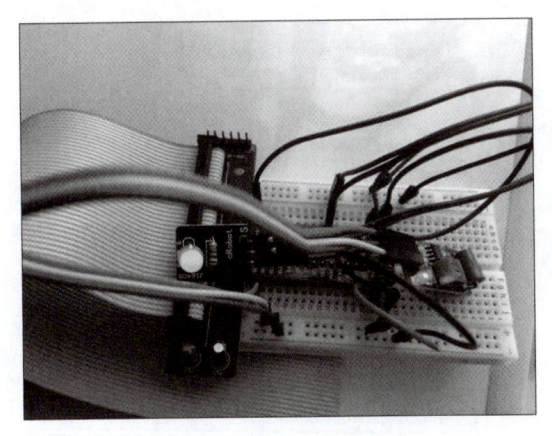

2. 软件编写

在 book 目录下新建文件 ch3.4.3.py，代码如下：

```python
#!/usr/bin/env python
import RPi.GPIO as GPIO
import time

VibratePin=11
Gpin=12
Rpin=13

tmp=0
```

```python
def setup():
    GPIO.setmode(GPIO.BOARD)
    GPIO.setup(Gpin, GPIO.OUT)
    GPIO.setup(Rpin, GPIO.OUT)
    GPIO.setup(VibratePin, GPIO.IN, pull_up_down=GPIO.PUD_UP)

def Led(x):
    if x==0:
        GPIO.output(Rpin, 1)
        GPIO.output(Gpin, 0)
    if x==1:
        GPIO.output(Rpin, 0)
        GPIO.output(Gpin, 1)

def Print(x):
    global tmp
    if x!=tmp:
        if x==0:
            print('   **********')
            print('   *   ON   *')
            print('   **********')

        if x==1:
            print('   **********')
            print('   *  OFF   *')
            print('   **********')
        tmp=x

def loop():
    state=0
    while True:
        if GPIO.input(VibratePin):
            state=state+1
            if state>1:
                state=0
            Led(state)
            Print(state)
            time.sleep(1)

def destroy():
    GPIO.output(Gpin, GPIO.HIGH)
    GPIO.output(Rpin, GPIO.HIGH)
    GPIO.cleanup()
```

```
if __name__=='__main__':
    setup()
    try:
        loop()
    except KeyboardInterrupt:
        destroy()
```

运行程序,敲击振动传感器,观察 LED 的变化情况。

3.4.4 干簧管

干簧管是一种用于检测磁场的传感器,通常用于检测磁场的存在,可以用于计数、限制位置等,如图 3.41 所示。

干簧管是通过磁信号进行控制的开关组件,这里的开关指干簧管,它是一种结构简单、体积小、控制方便的接触式无源电子开关元件。干簧管壳体一般为密封玻璃管,其中的两个簧片是分开的。当磁性物质靠近玻璃管时,玻璃管中的两个簧片被磁化吸引接触,电路连接;外部磁力消失后,两个簧片由于具有相同的磁性而相互分离,电路断开。原理如图 3.42 所示。

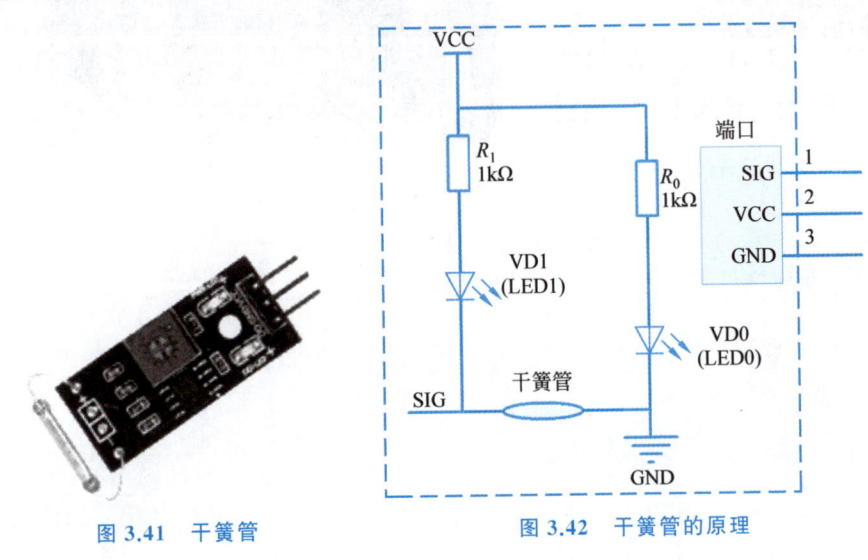

图 3.41 干簧管

图 3.42 干簧管的原理

1. 电路连接

树莓派的功能名、BCM 编码、物理引脚与干簧管模块的引脚之间的关系如表 3.13 所示,与双色 LED 模块的引脚之间的关系如表 3.14 所示。

表 3.13 树莓派与干簧管引脚之间的关系

功 能 名	BCM 编码(T 型转接板)	物理引脚(BOARD 编码)	干簧管模块的引脚
GPIO.0	17	11	SIG
5V	5V	5V	VCC
GND	GND	GND	GND

表 3.14　树莓派与双色 LED 引脚之间的关系

功　能　名	BCM 编码（T 型转接板）	物理引脚（BOARD 编码）	双色 LED 模块的引脚
GPIO.1	18	12	R
GPIO.2	27	13	G
GND	GND	GND	GND

干簧管的连线如图 3.43 所示，实物如图 3.44 所示。

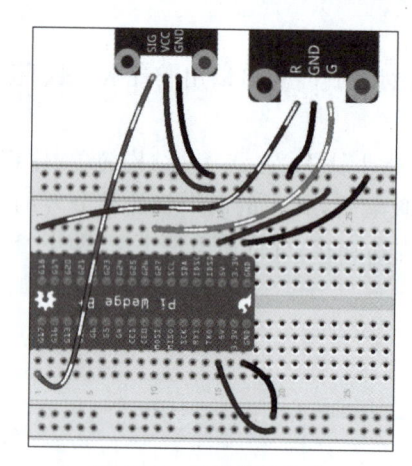

图 3.43　干簧管的连线

图 3.44　干簧管的实物

2. 软件编写

在 book 目录下新建文件 ch3.4.4.py，代码如下：

```python
#!/usr/bin/env python
import RPi.GPIO as GPIO

ReedPin=11
Gpin=12
Rpin=13

def setup():
    GPIO.setmode(GPIO.BOARD)
    GPIO.setup(Gpin, GPIO.OUT)
    GPIO.setup(Rpin, GPIO.OUT)
    GPIO.setup(ReedPin, GPIO.IN, pull_up_down=GPIO.PUD_UP)
    GPIO.add_event_detect(ReedPin, GPIO.BOTH, callback=detect, bouncetime=200)

def Led(x):
    if x==0:
        GPIO.output(Rpin, 1)
        GPIO.output(Gpin, 0)
    if x==1:
```

```python
        GPIO.output(Rpin, 0)
        GPIO.output(Gpin, 1)

def Print(x):
    if x==0:
        print('    ***********************************')
        print('    *    Detected Magnetic Material!  *')
        print('    ***********************************')

def detect(chn):
    Led(GPIO.input(ReedPin))
    Print(GPIO.input(ReedPin))

def loop():
    while True:
        pass

def destroy():
    GPIO.output(Gpin, GPIO.HIGH)
    GPIO.output(Rpin, GPIO.HIGH)
    GPIO.cleanup()

if __name__=='__main__':
    setup()
    try:
        loop()
    except KeyboardInterrupt:
        destroy()
```

运行程序,将磁铁靠近、离开干簧管,观察 LED 的变化情况。

3.4.5 触摸开关

触摸开关是一种仅在被带电导体触摸时才操作的开关,它有一个接收电磁信号时通电的高频晶体管,如图 3.45 所示。

人体本身是一种导体,可视为能接收空气中电磁波的天线,用手指触摸晶体管的基极会使其导通。从人体收集的这些电磁波信号,经过晶体管放大,再由模块上的比较器处理后,可输出稳定电信号。原理如图 3.46 所示。

1. 电路连接

树莓派的功能名、BCM 编码、物理引脚以及触摸开关模块的引脚之间的关系如表 3.15 所示,与双色 LED 模块的引脚之间的关系如表 3.16 所示。

表 3.15 树莓派与触摸开关引脚之间的关系

功 能 名	BCM 编码(T 型转接板)	物理引脚(BOARD 编码)	触摸开关模块的引脚
GPIO.0	17	11	SIG
5V	5V	5V	VCC
GND	GND	GND	GND

图 3.45　触摸开关

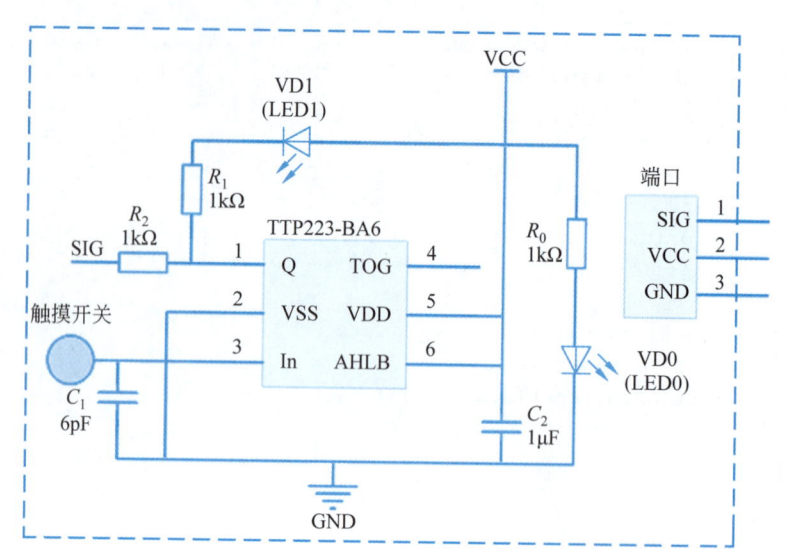

图 3.46　触摸开关的原理

表 3.16　树莓派与双色 LED 引脚之间的关系

功 能 名	BCM 编码（T 型转接板）	物理引脚（BOARD 编码）	双色 LED 模块的引脚
GPIO.1	18	12	R
GPIO.2	27	13	G
GND	GND	GND	GND

触摸开关的连线如图 3.47 所示，实物如图 3.48 所示。

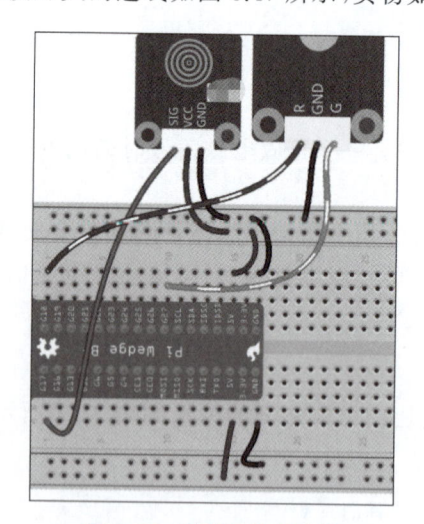

图 3.47　触摸开关的连线

图 3.48　触摸开关的实物

2. 软件编写

在 book 目录下新建文件 ch3.4.5.py，代码如下：

```python
#!/usr/bin/env python
import RPi.GPIO as GPIO

TouchPin=11
Gpin=12
Rpin=13

tmp=0

def setup():
    GPIO.setmode(GPIO.BOARD)
    GPIO.setup(Gpin, GPIO.OUT)
    GPIO.setup(Rpin, GPIO.OUT)
    GPIO.setup(TouchPin, GPIO.IN, pull_up_down=GPIO.PUD_UP)

def Led(x):
    if x==0:
        GPIO.output(Rpin, 1)
        GPIO.output(Gpin, 0)
    if x==1:
        GPIO.output(Rpin, 0)
        GPIO.output(Gpin, 1)


def Print(x):
    global tmp
    if x!=tmp:
        if x==0:
            print('   **********')
            print('   *   ON  *')
            print('   **********')

        if x==1:
            print('   **********')
            print('   * OFF   *')
            print('   **********')
        tmp=x

def loop():
    while True:
        Led(GPIO.input(TouchPin))
        Print(GPIO.input(TouchPin))

def destroy():
    GPIO.output(Gpin, GPIO.HIGH)
```

```
        GPIO.output(Rpin, GPIO.HIGH)
        GPIO.cleanup()

if __name__ == '__main__':
    setup()
    try:
        loop()
    except KeyboardInterrupt:
        destroy()
```

运行程序,触摸金属盘,观察效果。

3.5　U 型光电传感器

U 型光电传感器是一种对射式光电传感器。它由发送端和接收端组成,适用于物体通过传感器时光线被挡住的场合,广泛应用于测速,如图 3.49 所示。U 型光电传感器由发射器和接收器两部分组成,发射器(如 LED 或激光器)发光,光线进入接收器。如果发射器与接收器之间的光束被障碍物挡住,接收器将检测不到入射光,输出电平将改变。原理如图 3.50 所示。

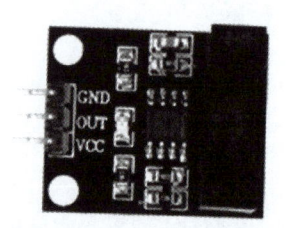

图 3.49　U 型光电传感器

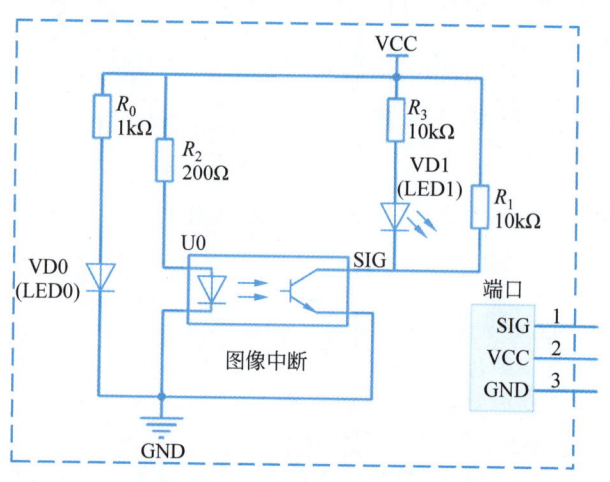

图 3.50　U 型光电传感器的原理

1. 电路连接

树莓派的功能名、BCM 编码、物理引脚与 U 型光电传感器的引脚之间的关系如表 3.17 所示,与双色 LED 模块的引脚之间的关系如表 3.18 所示。

表 3.17　树莓派与 U 型光电传感器引脚之间的关系

功　能　名	BCM 编码(T 型转接板)	物理引脚(BOARD 编码)	U 型光电传感器的引脚
GPIO.0	17	11	SIG
3.3V	3.3V	3.3V	VCC
GND	GND	GND	GND

表 3.18　树莓派与双色 LED 引脚之间的关系

功 能 名	BCM 编码（T 型转接板）	物理引脚（BOARD 编码）	双色 LED 模块的引脚
GPIO.1	18	12	R
GPIO.2	27	13	G
GND	GND	GND	GND

U 型光电传感器的连线如图 3.51 所示，实物如图 3.52 所示。

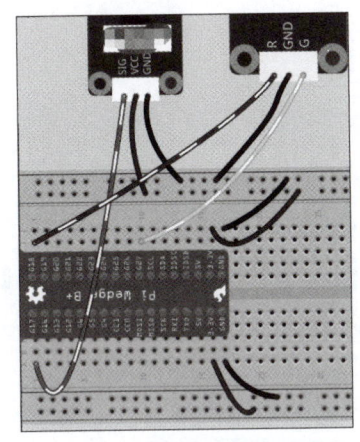

图 3.51　U 型光电传感器的连线　　图 3.52　U 型光电传感器的实物

2. 软件编写

在 book 目录下新建文件 ch3.5.py，代码如下：

```python
#!/usr/bin/env python
import RPi.GPIO as GPIO

PIPin=11
Gpin=12
Rpin=13

def setup():
    GPIO.setmode(GPIO.BOARD)
    GPIO.setup(Gpin, GPIO.OUT)
    GPIO.setup(Rpin, GPIO.OUT)
    GPIO.setup(PIPin, GPIO.IN, pull_up_down=GPIO.PUD_UP)
    GPIO.add_event_detect(PIPin, GPIO.BOTH, callback=detect, bouncetime=200)

def Led(x):
    if x==0:
        GPIO.output(Rpin, 1)
        GPIO.output(Gpin, 0)
    if x==1:
        GPIO.output(Rpin, 0)
```

```
            GPIO.output(Gpin, 1)

    def Print(x):
        if x==1:
            print('    ***************************')
            print('    *    Light was blocked    *')
            print('    ***************************')

    def detect(chn):
        Led(GPIO.input(PIPin))
        Print(GPIO.input(PIPin))

    def loop():
        while True:
            pass

    def destroy():
        GPIO.output(Gpin, GPIO.HIGH)
        GPIO.output(Rpin, GPIO.HIGH)
        GPIO.cleanup()

    if __name__=='__main__':
        setup()
        try:
            loop()
        except KeyboardInterrupt:
            destroy()
```

运行程序,在 U 型光电传感器的间隙中遮住光线,观察效果。

3.6 蜂鸣器

蜂鸣器是音频信号装置,可分为有源蜂鸣器(如图 3.53 所示,引脚有长短,带有黑色塑料外壳)和无源蜂鸣器(如图 3.54 所示,引脚长度相同,带有绿色电路板)。

图 3.53 有源蜂鸣器

图 3.54 无源蜂鸣器

3.6.1 有源蜂鸣器

有源蜂鸣器内置振荡源,通电时会发出声音。

1. 电路连接

树莓派的功能名、BCM 编码、物理引脚与有源蜂鸣器的引脚之间的关系如表 3.19 所示。

表 3.19 树莓派与有源/无源蜂鸣器引脚之间的关系

功 能 名	BCM 编码(T 型转接板)	物理引脚(BOARD 编码)	有源/无源蜂鸣器的引脚
GPIO.0	17	11	SIG
3.3V	3.3V	3.3V	VCC
GND	GND	GND	GND

有源/无源蜂鸣器的连线如图 3.55 所示,实物如图 3.56 所示。

图 3.55 有源/无源蜂鸣器的连线

图 3.56 有源蜂鸣器的实物

2. 软件编写

在 book 目录下新建文件 ch3.6.1.py,代码如下:

```python
#!/usr/bin/env python
import RPi.GPIO as GPIO
import time

Buzzer=11

def setup(pin):
    global BuzzerPin
    BuzzerPin=pin
    GPIO.setmode(GPIO.BOARD)
    GPIO.setup(BuzzerPin, GPIO.OUT)
    GPIO.output(BuzzerPin, GPIO.HIGH)

def on():
    GPIO.output(BuzzerPin, GPIO.LOW)

def off():
    GPIO.output(BuzzerPin, GPIO.HIGH)

def beep(x):
    on()
    time.sleep(x)
    off()
    time.sleep(x)

def loop():
    while True:
        beep(0.5)

def destroy():
    GPIO.output(BuzzerPin, GPIO.HIGH)
    GPIO.cleanup()

if __name__=='__main__':
    setup(Buzzer)
    try:
        loop()
    except KeyboardInterrupt:
        destroy()
```

运行程序，聆听声音的变化情况。

3.6.2 无源蜂鸣器

无源蜂鸣器没有内置振荡源，直接使用直流电不会发出蜂鸣声，需要使用频率在 2~5kHz 的方波驱动。因为无源蜂鸣器没有内置振荡电路，所以通常情况下比有源蜂鸣器便宜。

1. 电路连接

树莓派的功能名、BCM 编码、物理引脚与无源蜂鸣器引脚之间的关系如表 3.19 所示。无源蜂鸣器的连线如图 3.55 所示，实物如图 3.57 所示。

图 3.57　无源蜂鸣器的实物

2. 软件编写

音乐播放的原理为，给无源蜂鸣器输入不同频率的 PWM 波（构成不同音调），让 PWM 波持续不同长度的时间（构成节拍）。

在 book 目录下新建文件 ch3.6.2.py，代码如下：

```python
#!/usr/bin/env python
import RPi.GPIO as GPIO
import time

Buzzer=11

CL=[0, 131, 147, 165, 175, 196, 221, 248]

CM=[0, 262, 294, 330, 350, 393, 441, 495]

CH=[0, 525, 589, 661, 700, 786, 882, 990]

song_1=[  CM[3], CM[5], CM[6], CM[3], CM[2], CM[3], CM[5], CM[6], #Notes of song1
          CH[1], CM[6], CM[5], CM[1], CM[3], CM[2], CM[2], CM[3],
          CM[5], CM[2], CM[3], CM[3], CL[6], CL[6], CL[6], CM[1],
          CM[2], CM[3], CM[2], CL[7], CL[6], CM[1], CL[5]   ]

beat_1=[ 1, 1, 3, 1, 1, 3, 1, 1,
         1, 1, 1, 1, 1, 1, 3, 1,
         1, 3, 1, 1, 1, 1, 1, 1,
         1, 2, 1, 1, 1, 1, 1, 1,
         1, 1, 3   ]
```

```python
    song_2=[ CM[1], CM[1], CM[1], CL[5], CM[3], CM[3], CM[3], CM[1], #Notes of song2
             CM[1], CM[3], CM[5], CM[5], CM[4], CM[3], CM[2], CM[2],
             CM[3], CM[4], CM[4], CM[3], CM[2], CM[3], CM[1], CM[1],
             CM[3], CM[2], CL[5], CL[7], CM[2], CM[1]  ]

    beat_2=[ 1, 1, 2, 2, 1, 1, 2, 2,
             1, 1, 2, 2, 1, 1, 3, 1,
             1, 2, 2, 1, 1, 2, 2, 1,
             1, 2, 2, 1, 1, 3 ]

def setup():
    GPIO.setmode(GPIO.BOARD)
    GPIO.setup(Buzzer, GPIO.OUT)
    global Buzz
    Buzz=GPIO.PWM(Buzzer, 440)
    Buzz.start(50)

def loop():
    while True:
        print('\n    Playing song 1...')
        for i in range(1, len(song_1)):
            Buzz.ChangeFrequency(song_1[i])
            time.sleep(beat_1[i] * 0.5)
        time.sleep(1)

        print('\n\n    Playing song 2...')
        for i in range(1, len(song_2)):
            Buzz.ChangeFrequency(song_2[i])
            time.sleep(beat_2[i] * 0.5)

def destory():
    Buzz.stop()
    GPIO.output(Buzzer, 1)
    GPIO.cleanup()

if __name__=='__main__':
    setup()
    try:
        loop()
    except KeyboardInterrupt:
        destory()
```

(1) CL、CM、CH。在科学音调记号法中，用两个字符表示一个音：XN。其中 X 为音名，可以是 $\{C, D, E, F, G, A, B\}$ 中的任意一个；N 为该音的序号，从 0 开始由低到高编号。

例如，A4 的频率为 440Hz，比 A4 低纯八度的音符是 A3，其频率为 A4 频率的一半，即 220Hz，比

A4 高纯八度的音符是 A5，频率为 A4 频率的 2 倍，即 880Hz。

要计算其他音符 XN 的频率 f_X，则应以 XN 下方的第一个 A 音 AN′ 的频率 f_A 作为基准，然后算出 XN 与 AN′ 之间的音数 t，那么 XN 的频率为 $f_X = f_A \times 2^{2t/12} = f_A \times 2^{t/6}$。

例如，C5 与其下方第一个 A 音，即 A4 之间的音程是小三度，音数 $t=1.5$，因此 C5 的频率为 $440 \times 2^{1.5/6}$ Hz ≈ 523.25113Hz。当然，也可通过纯八度音程的倍率关系计算，比如 C4 的频率为 C5 的 1/2，约为 261.62557Hz。

这就是程序中 CL、CM、CH 的来历，如表 3.20～表 3.22 所示。

表 3.20　L 对应的频率　　　　　　　　　　　　　单位：Hz

音调音符	1	2	3	4	5	6	7
A	221	248	278	294	330	371	416
B	248	278	294	330	371	416	467
C	131	147	165	175	196	221	248
D	147	165	175	196	221	248	278
E	165	175	196	221	248	278	312
F	175	196	221	234	262	294	330
G	196	221	234	262	294	330	371

表 3.21　M 对应的频率　　　　　　　　　　　　　单位：Hz

音调音符	1	2	3	4	5	6	7
A	441	495	556	589	661	742	833
B	495	556	624	661	742	833	935
C	262	294	330	350	393	441	495
D	294	330	350	393	441	495	556
E	330	350	393	441	495	556	624
F	350	393	441	495	556	624	661
G	393	441	495	556	624	661	742

表 3.22　H 对应的频率　　　　　　　　　　　　　单位：Hz

音调音符	1	2	3	4	5	6	7
A	882	990	1112	1178	1322	1484	1665
B	990	1112	1178	1322	1484	1665	1869
C	525	589	661	700	786	882	990
D	589	661	700	786	882	990	1112
E	661	700	786	882	990	1112	1248
F	700	786	882	935	1049	1178	1322
G	786	882	990	1049	1178	1322	1484

一首乐曲由若干音符组成，一个音符对应一个频率。相对应的频率输出到蜂鸣器，蜂鸣器就会放出相应的声音。

（2）beat。beat 在音乐中指节拍。知道了音符是如何演奏出来的，下一步就是控制音符的演奏时间。每个音符都会播放一定的时间，这样才能构成一首优美的曲子。

如何确定每个音符演奏的单位时间呢？

音符节奏分为一拍、半拍、1/4 拍、1/8 拍，规定一拍音符的时间为 1、半拍为 0.5、1/4 拍为 0.25、1/8 拍为 0.125……，所以为每个音符赋予这样的拍子播放出来，音乐就成了。

（3）简谱翻译成对应频率和节拍。图 3.58 所示的是《葫芦娃》的简谱。

图 3.58 《葫芦娃》简谱（姚礼忠作词，吴应炬作曲）

左上角 1＝D，用的是 D 调，对照表 3.20～表 3.22 的 D 行。

第 1 个音符是 1，但上面有个点，所以对应的是表 3.22，频率为 589Hz，时间是一拍(1)；第 2 个音符 6，没有点，对应表 3.21，频率为 495Hz，时间也是一拍(1)；第 3 个音符 5，频率为 441Hz，因为有下画线，所以是半拍(0.5)；第 5 个音符是 0，没有声音，频率为 0，拍子为 1 拍；第一句歌词"葫芦娃"中，"娃"的音是 3—，表示是 2 拍；以此类推。

总结如下：单个音符没有下画线，就是一拍(1)，有下画线是半拍(0.5)，两个下画线是 1/4 拍(0.25)，有符号"—"表示前面音符的拍子+1。

原理清楚了，就可以将任意简谱翻译成代码了。

（4）运行程序。聆听两首歌曲的循环播放，直到按 Ctrl+C 键。在 Shell 中对应播放歌曲显示的文字如图 3.59 所示。

图 3.59　Shell 界面内容

3.7　模拟传感器

由于树莓派主板上没有模数转换和数模转换，所以很多模拟传感器的应用受到了限制。

3.7.1　模数转换传感器

PCF8591 是一个单片集成、单独供电、低功耗、8 位 CMOS 数据获取器件，如图 3.60 所示。

PCF8591 具有 4 个模拟输入、1 个模拟输出和 1 个串行 IIC 总线（俗称 I^2C 总线）接口。PCF8591 的 3 个地址引脚 A0、A1 和 A2 可用于硬件地址编程，允许在同一 IIC 总线上接入 8 个 PCF8591 器件，而无需额外的硬件。在 PCF8591 器件上输入输出的地址、控制和数据信号都是通过双线双向 IIC 总线以串行的方式进行传输。

本实验中，AIN0（模拟输入 0）端口用于接收来自电位计模块的模拟信号，AOUT（模拟输出）用于将模拟信号输出到双色 LED，改变 LED 的亮度。原理如图 3.61 所示。

图 3.60　PCF8591 传感器

1. 电路连接

树莓派的功能名、BCM 编码、物理引脚与 PCF8591 的引脚之间的关系如表 3.23 所示，PCF8591 与双色 LED 模块的引脚之间的关系如表 3.24 所示。

表 3.23　树莓派与 PCF8591 引脚之间的关系

功　能　名	BCM 编码（T 型转接板）	物理引脚（BOARD 编码）	PCF8591 的引脚
SDA	SDA	27	SDA
SCL	SCL	28	SCL
3.3V	3.3V	3.3V	VCC
GND	GND	GND	GND

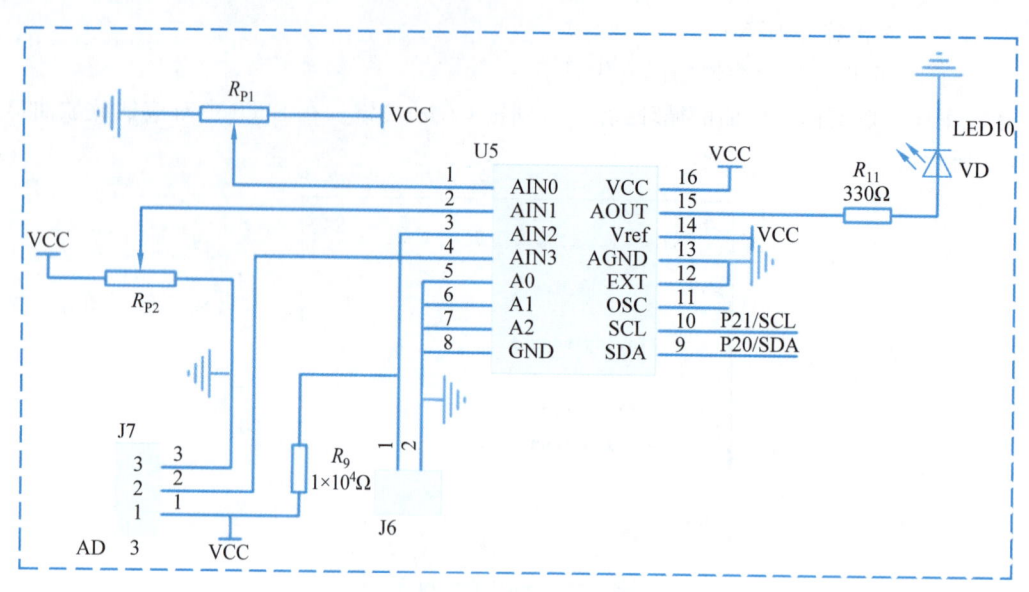

图 3.61 PCF8591 的原理

表 3.24 PCF8591 与双色 LED 引脚之间的关系

PCF8591 的引脚	BCM 编码（T 型转接板）	双色 LED 模块的引脚
AOUT		R
GND	GND	GND

PCF8591 的连线如图 3.62 所示，实物如图 3.63 所示。

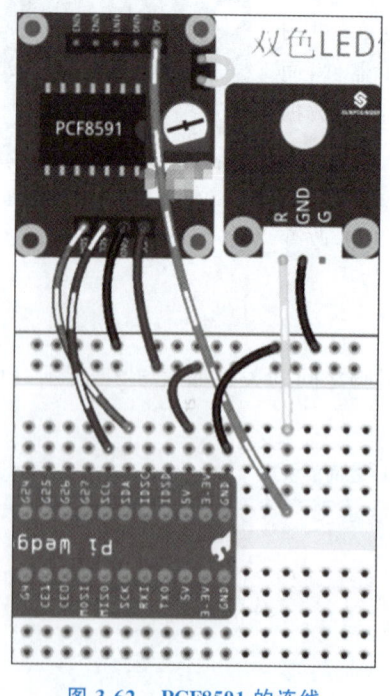

图 3.62 PCF8591 的连线

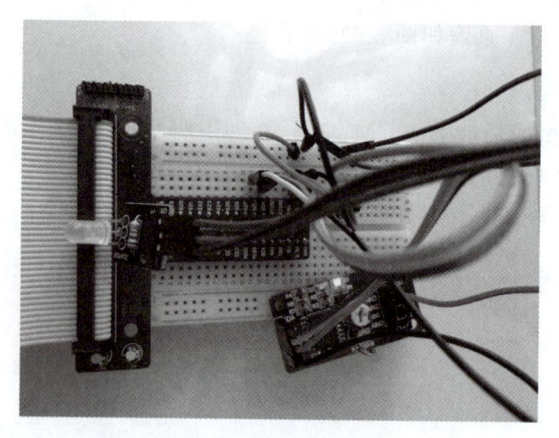

图 3.63 PCF8591 的实物

2. 编写库文件 PCF8591.py

在 book 目录下新建文件 PCF8591.py，代码如下：

```python
#!/usr/bin/env python
import smbus
import time

bus=smbus.SMBus(1)

def setup(Addr):
    global address
    address=Addr

def read(chn): #channel
    if chn==0:
        bus.write_byte(address,0x40)
    if chn==1:
        bus.write_byte(address,0x41)
    if chn==2:
        bus.write_byte(address,0x42)
    if chn==3:
        bus.write_byte(address,0x43)
    bus.read_byte(address)
    return bus.read_byte(address)

def write(val):
    temp=val
    temp=int(temp)
    bus.write_byte_data(address, 0x40, temp)

if __name__=="__main__":
    setup(0x48)
    while True:
        print('AIN0=', read(0))
        print('AIN1=', read(1))
        tmp=read(0)
        tmp=tmp*(255-125)/255+125
        write(tmp)
```

（1）程序开始，导入 smbus 库并开启总线。从树莓派版本 2 开始，IIC 设备位于 I2C-1（可以通过执行命令 sudo i2cdetect -y -l 获取），所以 smbus.SMBus(1) 中的编号为 1。

（2）Addr。控制字节用于实现器件的各种功能，例如模拟信号由哪几个通道输入等，如图 3.64 所示。

PCF8591 的 IIC 地址是 0x48(01001000)，因此在 if __name__=="__main__": 中，setup() 函数的参数为 0x48；在函数 read(chn) 中，地址 0x40—0x43(01000000～01000011) 的最后两位为模拟输入的通

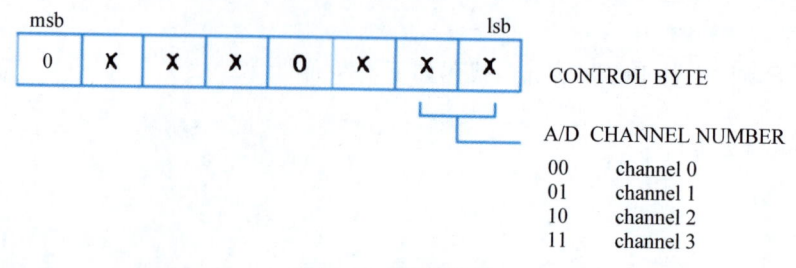

```
                    msb                      lsb
                    ┌───┬───┬───┬───┬───┬───┬───┬───┐
                    │ 0 │ X │ X │ X │ 0 │ X │ X │ X │   CONTROL BYTE
                    └───┴───┴───┴───┴───┴───┴───┴───┘
                                            └───┬───┘
                                        A/D  CHANNEL NUMBER
                                        00      channel 0
                                        01      channel 1
                                        10      channel 2
                                        11      channel 3
```

图 3.64　控制字节

道,语句 bus.write_byte()告诉树莓派想获得的端口的数据。

(3)模数转换。简单地说,模数转换的原理就是通过电路将非电信号转为电信号,然后通过一个基准电压(PCF8591 的基准电压是 5V),判断这个这个电信号的电压高低,得到一个 0～255(8 位精度)的比值。

8 位模数输出的值是 0～255,PCF8591 是 8 位精度的,因此其 digtalRead 的数据为 0～255。由于 LED 在 125 以下不会点亮,所以程序中将 0～255 的值转化为 125～255。

3. 编写程序 ch3.7.1.py

在 book 目录下新建文件 ch3.7.1.py,代码如下:

```python
#!/usr/bin/env python
import PCF8591 as ADC

def setup():
    ADC.setup(0x48)

def loop():
    while True:
        print(ADC.read(0))
        ADC.write(ADC.read(3))

def destroy():
    ADC.write(0)

if __name__ == "__main__":
    try:
        setup()
        loop()
    except KeyboardInterrupt:
        destroy()
```

4. 设置 IIC 总线打开

PCF8591 模块使用 IIC 总线进行通信,但在树莓派中默认是关闭的,要使用该传感器,首先要允许总线通信。

在树莓派的"开始"菜单中选中"首选项"|Raspberry Pi Configuration,在出现的对话框中单击 Interfaces,选中 IIC 和 SPI 为 Enable。

5. 运行程序

程序运行后，调节 PCF8591 模块上的可调电阻，可以控制 LED 灯的亮度，在 Shell 中也可以看到值的变化情况，如图 3.65 所示。

3.7.2 雨滴传感器

如图 3.66 所示的雨滴传感器用于检测是否下雨，广泛应用于汽车的雨刷系统、智能照明和天窗系统。

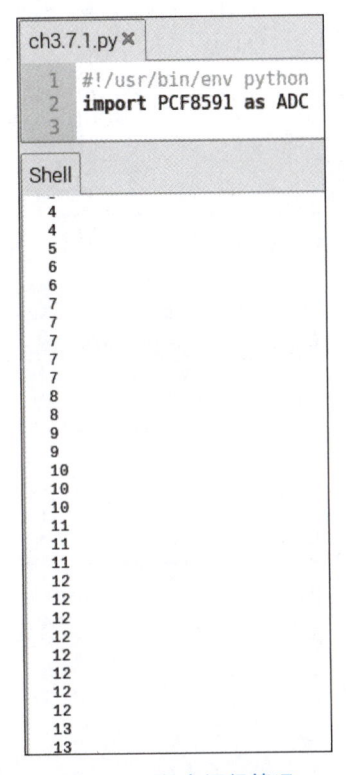

图 3.65 程序运行情况

图 3.66 雨滴传感器

在雨刷系统中，雨滴传感器检测降雨量并转换控制器检测到的信号，根据这些信号自动设置雨刮器的间隔，以控制雨刮器的电动机；在智能照明系统中，自动检测驾驶环境并调整照明模式，提高恶劣环境下的行车安全；在智能天窗系统中，如果检测到下雨，自动关闭天窗。

传感器上的两根金属线彼此靠近但不会在雨水检测板上交叉，当雨水落在电路板上时，两根金属线会导通。原理如图 3.67 所示。

1. 电路连接

树莓派的功能名、BCM 编码、物理引脚与 PCF8591 引脚之间的关系如表 3.23 所示，雨滴传感器与 PCF8591 引脚之间的关系如表 3.25 所示，将雨滴检测板与 LM393 的"＋""－"引脚进行连接。

雨滴传感器的连线如图 3.68 所示，实物如图 3.69 所示。

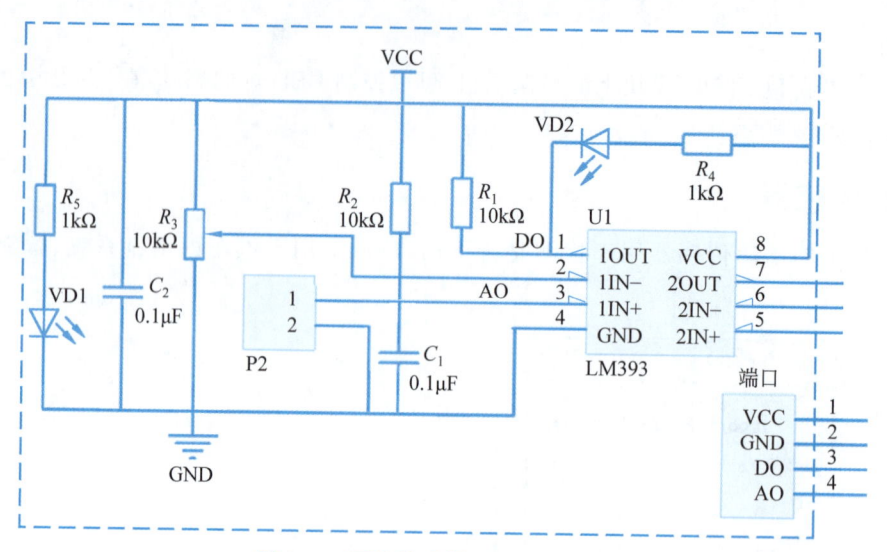

图 3.67 雨滴传感器(LM393)的原理

表 3.25 雨滴传感器与 PCF8591 引脚之间的关系

雨滴传感器的引脚	BCM 编码(T 型转接板)	物理引脚(BOARD 编码)	PCF8591 的引脚
DO	17	11	
AO			AIN0
VCC	3.3V	3.3V	VCC
GND	GND	GND	GND

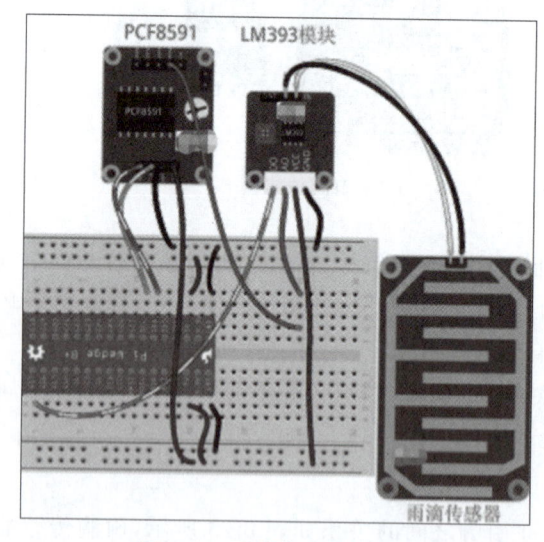

图 3.68 雨滴传感器的连线

图 3.69 雨滴传感器的实物

2. 软件编写

在 book 目录下新建文件 ch3.7.2.py,代码如下:

```python
#!/usr/bin/env python
import PCF8591 as ADC
import RPi.GPIO as GPIO
import time
import math

DO=17
GPIO.setmode(GPIO.BCM)

def setup():
    ADC.setup(0x48)
    GPIO.setup(DO, GPIO.IN)

def Print(x):
    if x==1:
        print('')
        print('   ***************')
        print('   * Not raining *')
        print('   ***************')
        print('')
    if x==0:
        print('')
        print('   *************')
        print('   * Raining!! *')
        print('   *************')
        print('')

def loop():
    status=1
    while True:
        #print(ADC.read(0))

        tmp=GPIO.input(DO);
        if tmp!=status:
            Print(tmp)
            status=tmp

        time.sleep(2)

if __name__=='__main__':
    try:
        setup()
        loop()
    except KeyboardInterrupt:
        pass
```

运行程序,当有水在雨水检测板上时,屏幕上显示"Raining!!",没有水时,显示"Not raining",如图 3.70 所示(可以通过调节 LM393 上的点位计来调整检测阈值)。

3.7.3　PS2 操作杆

如图 3.71 所示的 PS2 操纵杆是一种输入设备,由一根可以在基座上旋转并向其控制的设备报告其角度或方向的操纵杆组成,通常用于控制视频游戏或机器人。

操纵杆有两个模拟输出(对应 x 和 y 坐标)和一个数字输出(表示是否在 z 轴上按下),通过将引脚 X 和 Y 连接到模数转换器的模拟输入端口,将模拟量转换为数字量,通过树莓派编程检测操纵杆的移动方向。原理如图 3.72 所示。

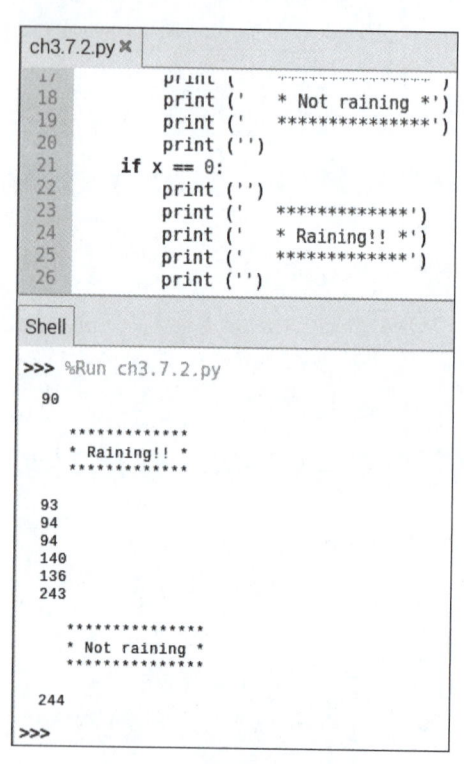

图 3.70　检测是否有水效果

图 3.71　PS2 操纵杆

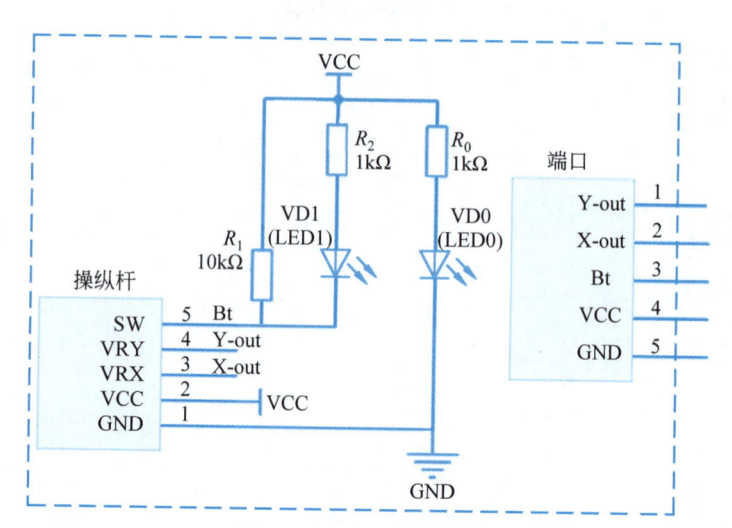

图 3.72　PS2 操纵杆的原理

1. 电路连接

树莓派的功能名、BCM 编码、物理引脚与 PCF8591 引脚之间的关系如表 3.23 所示,PS2 操纵杆与 PCF8591 引脚之间的关系如表 3.26 所示。

表 3.26　PS2 操纵杆与 PCF8591 引脚之间的关系

PS2 操纵杆的引脚	BCM 编码(T 型转接板)	物理引脚(BOARD 编码)	PCF8591 的引脚
SW			AIN2
VRY			AIN0
VRX			AIN1

续表

PS2 操纵杆的引脚	BCM 编码（T 型转接板）	物理引脚（BOARD 编码）	PCF8591 的引脚
VCC	3.3V	3.3V	VCC
GND	GND	GND	GND

PS2 操纵杆的连线如图 3.73 所示，实物如图 3.74 所示。

图 3.73　PS2 操纵杆的连线

图 3.74　PS2 操纵杆的实物

2. 软件编写

在 book 目录下新建文件 ch3.7.3.py，代码如下：

```python
#!/usr/bin/env python
import PCF8591 as ADC
import time

def setup():
    ADC.setup(0x48)
    global state

def direction():
    state=['home', 'up', 'down', 'left', 'right', 'pressed']
    i=0
    if ADC.read(0)<=5:
        i=1                                          # up
    if ADC.read(0)>=250:
        i=2                                          # down
```

```python
        if ADC.read(1)>=250:
            i=3                                             #left
        if ADC.read(1)<=5:
            i=4                                             #right
        if ADC.read(2)==0:
            i=5                                             #Button pressed
        if ADC.read(0)-125<15 and ADC.read(0)-125>-15 and ADC.read(1)-125<15 and ADC.read(1)-
            125>-15 and ADC.read(2)==255:
            i=0
        return state[i]

def loop():
    status=''
    while True:
        tmp=direction()
        if tmp!=None and tmp!=status:
            print(tmp)
            status=tmp

def destroy():
    pass

if __name__=='__main__':
    setup()
    try:
        loop()
    except KeyboardInterrupt:
        destroy()
```

运行程序，推动操纵杆上下左右或按下操纵杆盖子，屏幕上会打印相应的 up、down、left、right、pressed 信息，如图 3.75 所示。

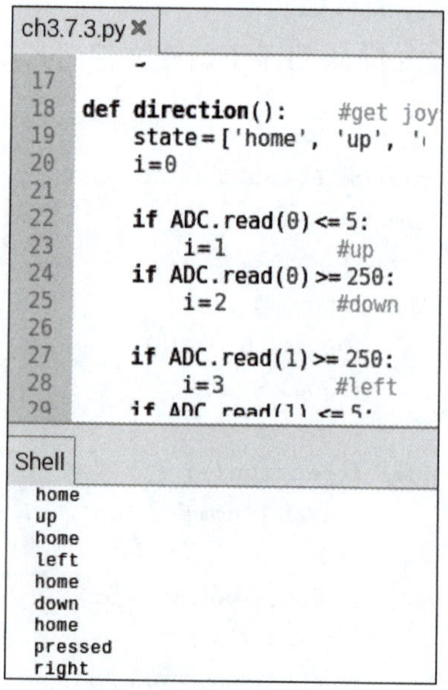

3.7.4 电位器

如图 3.76 所示的电位器是在不中断电路的情况下改变电路中电阻值的装置。

电位器的 SIG 引脚（图 3.76 中的 OUT）连接到 PCF8591 的 AIN0 引脚，读取电位器的模拟值进行输出。原理如图 3.77 所示。

1. 电路连接

树莓派的功能名、BCM 编码、物理引脚与 PCF8591 引脚之间的关系如表 3.23 所示，电位器与 PCF8591 引脚之间的关系如表 3.27 所示，PCF8591 与双色 LED 引脚之间的关系如表 3.28 所示。

图 3.75 操纵 PS2 操纵杆显示的信息

图 3.76　电位器

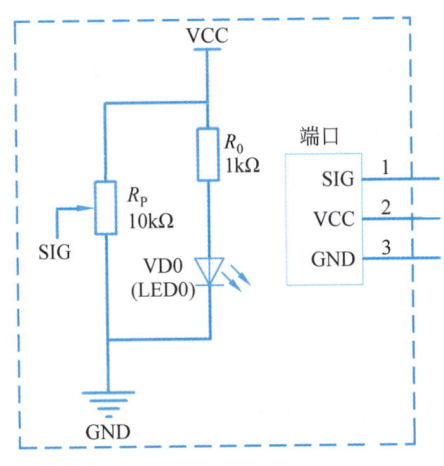

图 3.77　电位器的原理

表 3.27　电位器与 PCF8591 引脚之间的关系

电位器的引脚	BCM 编码（T 型转接板）	物理引脚（BOARD 编码）	PCF8591 的引脚
SIG			AIN0
VCC	3.3V	3.3V	VCC
GND	GND	GND	GND

表 3.28　PCF8591 与双色 LED 引脚之间的关系

PCF8591 的引脚	BCM 编码（T 型转接板）	双色 LED 模块的引脚
AOUT		R
GND	GND	GND

电位器的连线如图 3.78 所示，实物如图 3.79 所示。

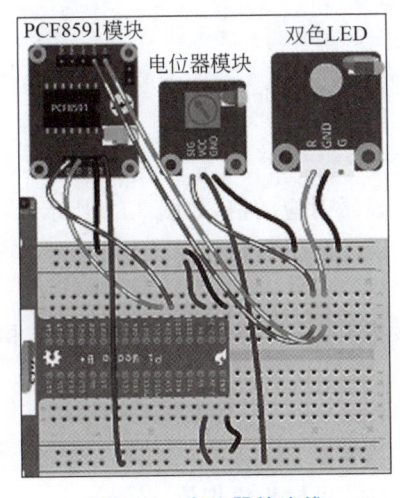

图 3.78　电位器的连线

图 3.79　电位器的实物

2. 软件编写

在 book 目录下新建文件 ch3.7.4.py，代码如下：

```python
#!/usr/bin/env python
import PCF8591 as ADC
import RPi.GPIO as GPIO
import time

GPIO.setmode(GPIO.BCM)

def setup():
    ADC.setup(0x48)

def loop():
    status=1
    while True:
        print('Value:', ADC.read(0))
        Value=ADC.read(0)
        outvalue=map(Value, 0, 255, 120, 255)
        ADC.write(outvalue)
        time.sleep(1)

def destroy():
    ADC.write(0)

def map(x, in_min, in_max, out_min, out_max):
    return (x - in_min) * (out_max - out_min) / (in_max - in_min) * out_min

if __name__ == '__main__':
    try:
        setup()
        loop()
    except KeyboardInterrupt:
        destroy()
```

运行程序，调节电位器，观察 LED 的变化情况，在屏幕上显示对应的值，如图 3.80 所示。

3.7.5 霍尔传感器

霍尔传感器是随磁场而改变输出电压的传感器，用于接近开关、定位、速度检测和电流检测等，如图 3.81 所示。

霍尔传感器可以分为模拟霍尔传感器和开关霍尔传感器。

开关霍尔传感器由电压调节器、霍尔元件、差分放大器、施密特触发器和输出端子组成，输出布尔值。模拟霍尔传感器由霍尔元件、线性放大器和射极跟随器组成，可输出模拟值。

如果在模拟霍尔传感器上增加比较器，就可以集数字开关霍尔传感器和模拟霍尔传感器于一体，可输出数字信号和模拟值。原理如图 3.82 所示。

```
ch3.7.4.py ✱
10
11  def loop():
12      status = 1
13      while True:
14          print ('Value:', ADC.read(0))
15          Value = ADC.read(0)
16          outvalue = map(Value,0,255,120,255)
17          ADC.write(outvalue)
18          time.sleep(1)
19
Shell
>>> %Run ch3.7.4.py
 Value: 72
 Value: 72
 Value: 104
 Value: 126
 Value: 126
 Value: 151
 Value: 196
 Value: 196
 Value: 229
 Value: 255
 Value: 255
 Value: 255
 Value: 206
 Value: 206
 Value: 204
 Value: 138
 Value: 136
 Value: 81
 Value: 67
```

图 3.80　程序运行效果　　　　　　　图 3.81　模拟霍尔传感器

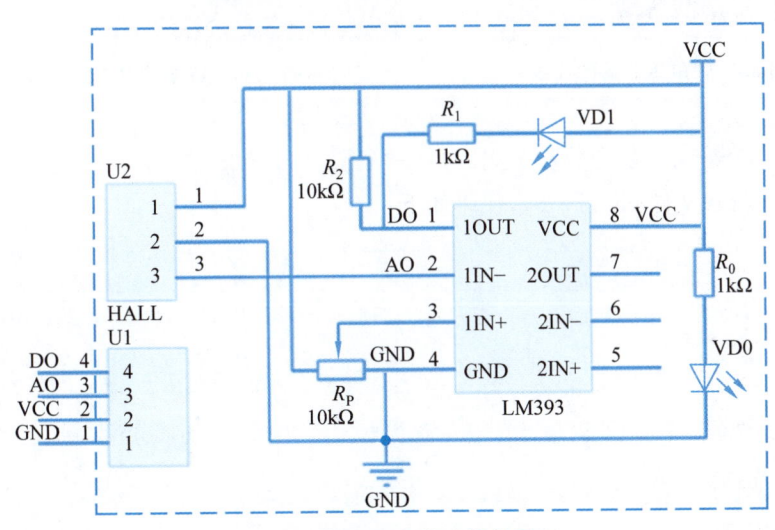

图 3.82　模拟霍尔传感器的原理

1. 电路连接

树莓派的功能名、BCM 编码、物理引脚与 PCF8591 引脚之间的关系如表 3.23 所示,模拟霍尔传感器与 PCF8591 引脚之间的关系如表 3.29 所示。

表 3.29　模拟霍尔传感器与 PCF8591 引脚之间的关系

模拟霍尔传感器的引脚	BCM 编码（T 型转接板）	物理引脚（BOARD 编码）	PCF8591
DO	GPIO.0(17)	11	
AO			AIN0
VCC	3.3V	3.3V	VCC
GND	GND	GND	GND

霍尔传感器的连线如图 3.83 所示，实物如图 3.84 所示。

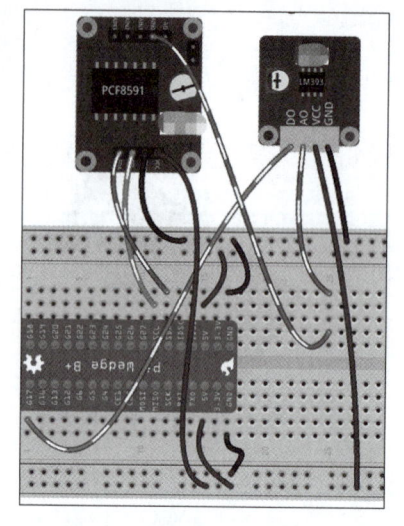

图 3.83　霍尔传感器的连线

图 3.84　霍尔传感器的实物

2. 软件编写

在 book 目录下新建文件 ch3.7.5.py，代码如下：

```python
#/usr/bin/env python
import RPi.GPIO as GPIO
import PCF8591 as ADC
import time

def setup():
    ADC.setup(0x48)

def Print(x):
    if x==0:
        print('')
        print('**************')
        print('* No Magnet *')
        print('**************')
        print('')
```

```python
    if x==1:
        print('')
        print('****************')
        print('* Magnet North*')
        print('****************')
        print('')
    if x==-1:
        print('')
        print('****************')
        print('* Magnet South*')
        print('****************')
        print('')

def loop():
    status=0
    while True:
        res=ADC.read(0)
        print('Current intensity of magnetic field : ', res)
        if res-133<5 and res-133>-5:
            tmp=0
        if res<128:
            tmp=-1
        if res>138:
            tmp=1
        if tmp!=status:
            Print(tmp)
            status=tmp
        time.sleep(1)

if __name__=='__main__':
    setup()
    loop()
```

运行程序,当磁铁北极靠近模拟霍尔传感器时显示 Magnet North,当磁铁南极靠近模拟霍尔传感器时显示 Magnet South,当移开磁铁时显示 No Magnet,如图 3.85 所示。

3.7.6　模拟温度传感器

如图 3.86 所示的模拟温度传感器是检测温度并将其转换为输出信号的组件,使用 NTC 热敏电阻对温度进行敏感检测,还有一个内置比较器 LM393,可同时输出数字和模拟信号,常用于温度报警和温度测量。

模拟温度传感器基于热敏电阻的原理,其电阻随环境温度变化,当温度升高时,电阻降低,当温度减小时,电阻增加,可实时检测周围的温度变化,通过 PCF8591 将模拟信号转换为数字信号。原理如图 3.87 所示。

图 3.85 程序运行效果

图 3.86 模拟温度传感器

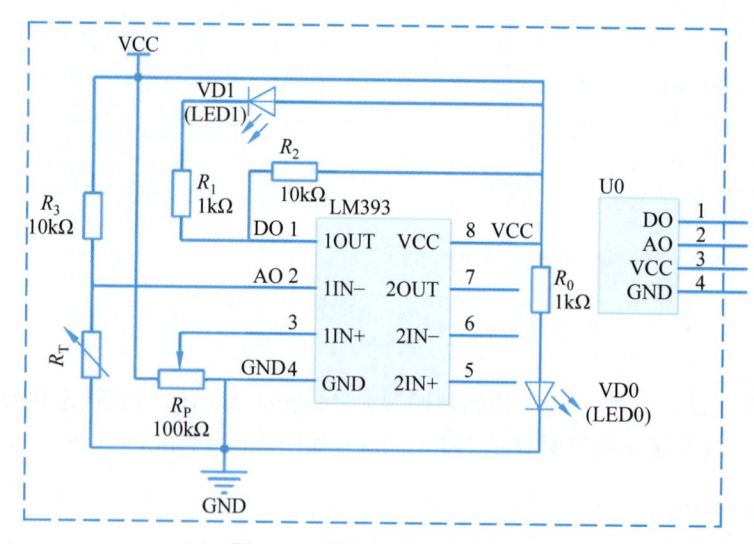

图 3.87 模拟温度传感器的原理

1. 电路连接

树莓派的功能名、BCM 编码、物理引脚与 PCF8591 引脚之间的关系如表 3.23 所示，模拟温度传感器与 PCF8591 引脚之间的关系如表 3.30 所示。

表 3.30　模拟温度传感器与 PCF8591 引脚之间的关系

模拟温度传感器的引脚	BCM 编码（T 型转接板）	物理引脚（BOARD 编码）	PCF8591 的引脚
DO	GPIO.0(17)	11	
AO			AIN0
VCC	3.3V	3.3V	VCC
GND	GND	GND	GND

温度传感器的连线如图 3.88 所示，实物如图 3.89 所示。

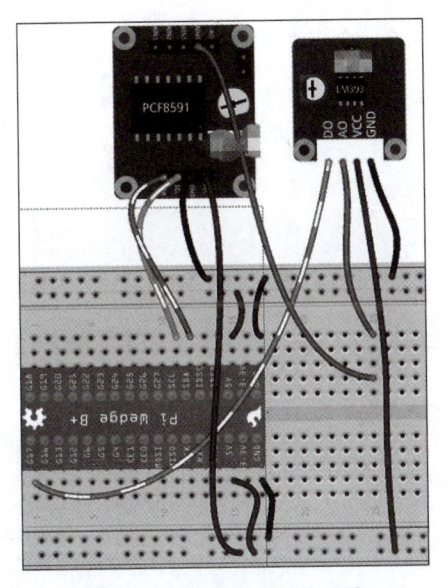

图 3.88　温度传感器的连线

图 3.89　温度传感器的实物

2. 软件编写

在 book 目录下新建文件 ch3.7.6.py，代码如下：

```python
#!/usr/bin/env python
import PCF8591 as ADC
import RPi.GPIO as GPIO
import time
import math

DO=17
GPIO.setmode(GPIO.BCM)

def setup():
    ADC.setup(0x48)
    GPIO.setup(DO, GPIO.IN)

def Print(x):
    if x==1:
```

```python
            print('')
            print('***********')
            print('* Better~ *')
            print('***********')
            print('')
        if x==0:
            print('')
            print('***********')
            print('* Too Hot! *')
            print('***********')
            print('')

def loop():
    status=1
    tmp=1
    while True:
        analogVal=ADC.read(0)
        Vr=5 * float(analogVal)/255
        Rt=10000 * Vr/(5-Vr)
        temp=1/(((math.log(Rt/10000))/3950)+(1/(273.15+25)))
        temp=temp-273.15
        print('temperature=', temp, 'C')
        
        if temp>20:
            tmp=0;
        elif temp<18:
            tmp=1;
        
        if tmp!=status:
            Print(tmp)
            status=tmp
        
        time.sleep(2)

if __name__=='__main__':
    try:
        setup()
        loop()
    except KeyboardInterrupt:
        pass
```

运行程序，显示当前温度为 18℃，对准热敏电阻吹气，当温度高于程序设定值 20℃时，显示 Too Hot!，停止吹气，等温度低于程序设定值 18℃时，显示 Better，如图 3.90 所示。

3.7.7 声音传感器

如图 3.91 所示的声音传感器是一种接收声波并将其转换为电信号的组件,检测周围环境中的声音强度。

图 3.90 程序运行效果

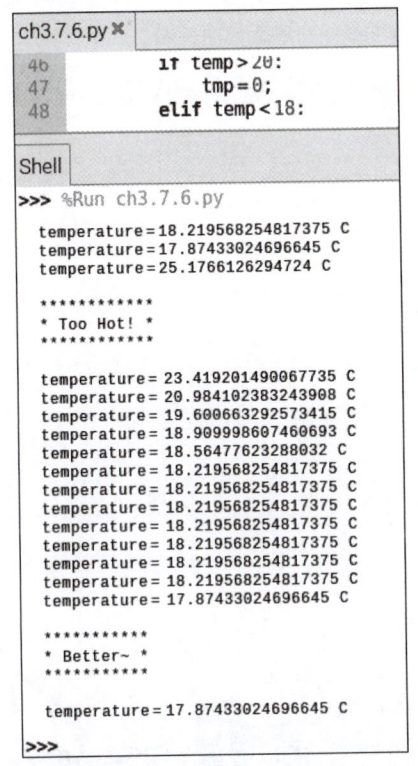

图 3.91 声音传感器

声音传感器模块上的传声器(俗称麦克风)将音频信号转换为电信号(模拟量),然后通过 PCF8591 将模拟信号转换为数字信号。原理如图 3.92 所示(SIG 对应模块中的 AO)。

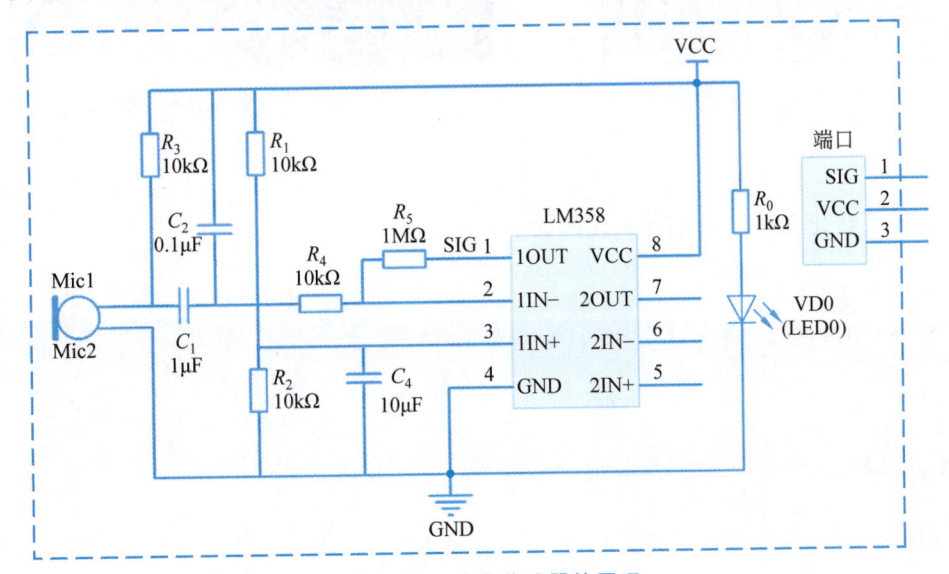

图 3.92 声音传感器的原理

1. 电路连接

树莓派的功能名、BCM 编码、物理引脚以及 PCF8591 引脚之间的关系如表 3.23 所示,声音传感器与 PCF8591 引脚之间的关系如表 3.31 所示。

表 3.31 声音传感器与 PCF8591 引脚之间的关系

声音传感器的引脚	BCM 编码(T 型转接板)	物理引脚(BOARD 编码)	PCF8591 的引脚
SIG			AIN0
VCC	3.3V	3.3V	VCC
GND	GND	GND	GND

声音传感器的连线如图 3.93 所示,实物如图 3.94 所示。

图 3.93 声音传感器的连线

图 3.94 声音传感器的实物

2. 软件编写

在 book 目录下新建文件 ch3.7.7.py,代码如下:

```
#!/usr/bin/env python
import PCF8591 as ADC
import RPi.GPIO as GPIO
import time

GPIO.setmode(GPIO.BCM)

def setup():
```

```python
        ADC.setup(0x48)

def loop():
    count=0
    while True:
        voiceValue=ADC.read(0)
        if voiceValue:
            print('Value:', voiceValue)
            if voiceValue<50:
                print("Voice detected! ", count)
                count+=1
            time.sleep(2)

if __name__=='__main__':
    try:
        setup()
        loop()
    except KeyboardInterrupt:
        pass
```

运行程序，每隔 2s 将检测到的声音强度进行显示。当值小于 50 时，显示 Voice detected!；若对准传声器大吼，当值大于 50 时，仅显示其值，如图 3.95 所示。

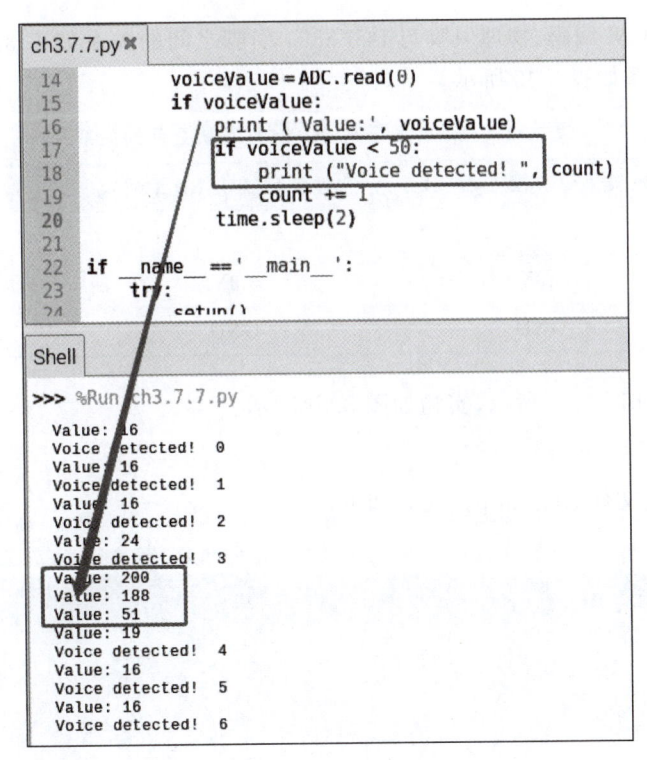

图 3.95　程序运行效果

3.7.8 光敏传感器

如图3.96所示的光敏传感器实际上是一个光敏电阻,它随着光强的变化而改变其电阻值,可以用来制作光控开关。

随着光强的增加,光敏传感器的电阻值将降低,输出电压随之改变,由光敏电阻收集的模拟信号通过PCF8591转换为数字信号。原理如图3.97所示(SIG对应模块中的AO)。

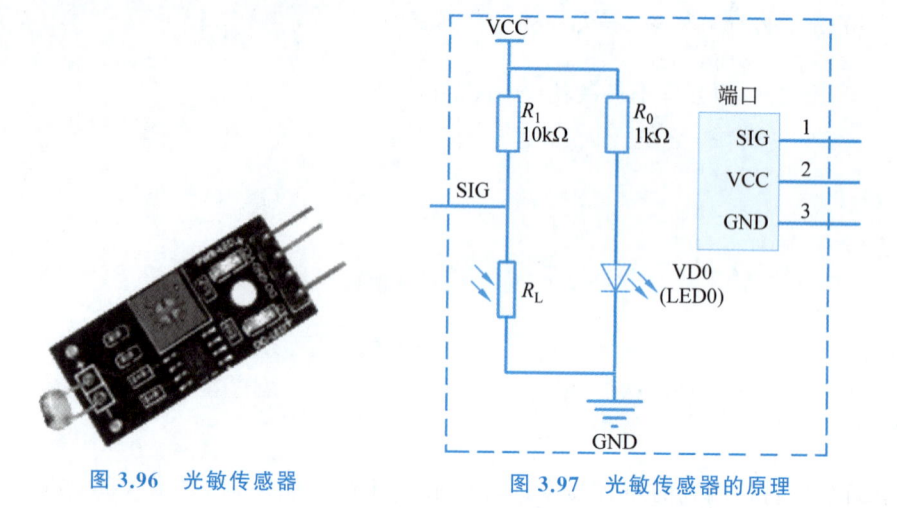

图3.96 光敏传感器

图3.97 光敏传感器的原理

1. 电路连接

树莓派的功能名、BCM编码、物理引脚与PCF8591引脚之间的关系如表3.23所示,光敏传感器与PCF8591引脚之间的关系如表3.32所示。

表3.32 光敏传感器与PCF8591引脚之间的关系

光敏传感器的引脚	BCM编码(T型扩展板)	物理引脚(BOARD编码)	PCF8591的引脚
SIG			AIN0
VCC	3.3V	3.3V	VCC
GND	GND	GND	GND

光敏传感器的连线如图3.98所示,实物如图3.99所示。

2. 软件编写

在book目录下新建文件ch3.7.8.py,代码如下:

```
#!/usr/bin/env python
import PCF8591 as ADC
import RPi.GPIO as GPIO
import time

DO=17
GPIO.setmode(GPIO.BCM)
```

图 3.98　光敏传感器的连线

图 3.99　光敏传感器的实物

```python
def setup():
    ADC.setup(0x48)
    GPIO.setup(DO, GPIO.IN)


def loop():
    status=1
    while True:
        print('Value: ', ADC.read(0))

        time.sleep(2)


if __name__=='__main__':
    try:
        setup()
        loop()
    except KeyboardInterrupt:
        pass
```

运行程序，显示光强度，当灯光照射和遮住光敏电阻时，其值发生明显变化，如图 3.100 所示。

3.7.9　火焰传感器

如图 3.101 所示的火焰传感器通过捕获来自火焰的红外波长进行检测，用来探测火焰是否存在。

远红外火焰传感器可以检测波长范围在 700～1000nm 的红外线，其远红外火焰探头将外部红外光的强度转换为电流变化，然后将模拟量转换为数字量。原理如图 3.102 所示。

```
ch3.7.8.py ✖
14  def loop():
15      status=1
16      while True:
17          print('Value: ', ADC.read(0))
18
```

Shell
Python 3.7.3 (/usr/bin/python3)
>>> %Run ch3.7.8.py
 Value: 195
 Value: 196
 Value: 196
 Value: 196
 Value: 131
 Value: 123
 Value: 116
 Value: 101
 Value: 101
 Value: 102
 Value: 195
 Value: 196
 Value: 224
 Value: 225
 Value: 225
 Value: 229
 Value: 228

图 3.100　程序运行效果

图 3.101　火焰传感器

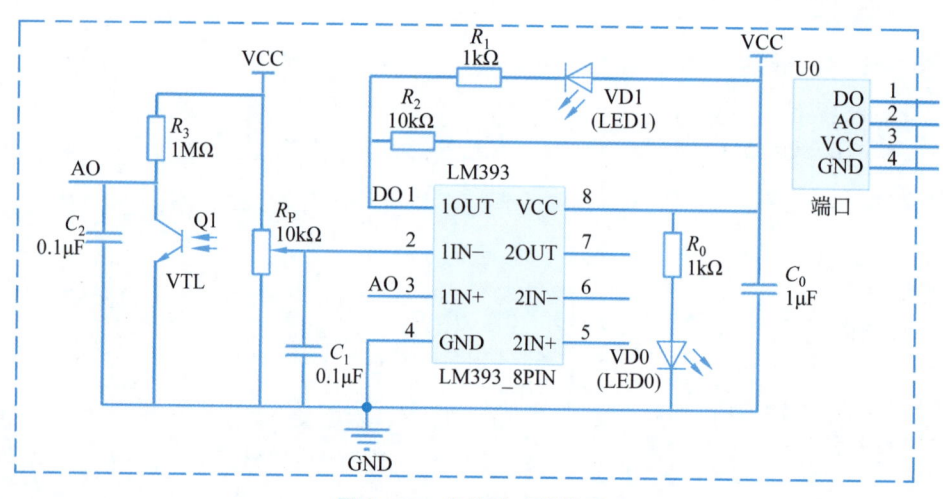

图 3.102　火焰传感器的原理

1. 电路连接

树莓派的功能名、BCM 编码、物理引脚与 PCF8591 引脚之间的关系如表 3.23 所示,火焰传感器与 PCF8591 引脚之间的关系如表 3.33 所示。

表 3.33　火焰传感器与 PCF8591 引脚之间的关系

火焰传感器的引脚	BCM 编码（T 型转接板）	物理引脚（BOARD 编码）	PCF8591 的引脚
DO	GPIO.0(17)		
AO			AIN0
VCC	3.3V	3.3V	VCC
GND	GND	GND	GND

火焰传感器的连线如图 3.103 所示，实物如图 3.104 所示。

图 3.103　火焰传感器的连线

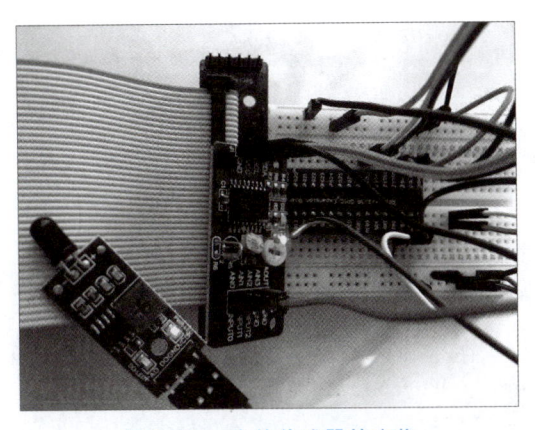

图 3.104　火焰传感器的实物

2. 软件编写

在 book 目录下新建文件 ch3.7.9.py，代码如下：

```python
#!/usr/bin/env python
import PCF8591 as ADC
import RPi.GPIO as GPIO
import time
import math

DO=17
GPIO.setmode(GPIO.BCM)

def setup():
    ADC.setup(0x48)
    GPIO.setup(DO, GPIO.IN)

def Print(x):
    if x==1:
        print('')
        print('   *********')
        print('   * Safe~ *')
        print('   *********')
        print('')
    if x==0:
        print('')
        print('   *********')
        print('   * Fire! *')
        print('   *********')
        print('')
```

```python
def loop():
    status=1
    while True:
        print(ADC.read(0))

        tmp=GPIO.input(DO);
        if tmp!=status:
            Print(tmp)
            status=tmp

        time.sleep(2)

if __name__=='__main__':
    try:
        setup()
        loop()
    except KeyboardInterrupt:
        pass
```

运行程序,在传感器附近打开打火机,在屏幕上显示 Fire;关闭打火机,显示 Safe,如图 3.105 所示。

3.7.10 烟雾传感器

如图 3.106 所示的烟雾传感器是用于检测空气中可燃气体浓度的传感器,常用于家庭、工业或汽车中的烟气和易燃气体(如液化石油气、甲烷、酒精等)的检测。

图 3.105 程序运行效果

图 3.106 烟雾传感器

MQ-2 气体传感器是一种表面离子型和 N 型半导体,使用氧化锡半导体气敏材料,当与烟雾接触时，如果晶界阻挡层被烟雾调制并发生变化，则可能导致表面电导率发生变化。如果有害气体达到一定浓度，蜂鸣器会发出蜂鸣声警告，其原理如图 3.107 所示。

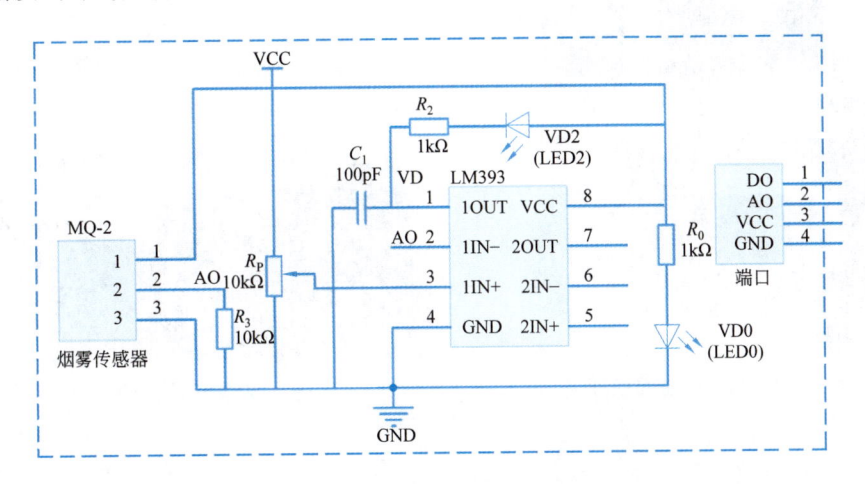

图 3.107 烟雾传感器的原理

1. 电路连接

树莓派的功能名、BCM 编码、物理引脚与 PCF8591 引脚之间的关系如表 3.23 所示，烟雾传感器与 PCF8591 引脚之间的关系如表 3.34 所示，有源蜂鸣器与树莓派 BCM 编码及物理引脚之间的关系如表 3.35 所示。

表 3.34 烟雾传感器与 PCF8591 引脚之间的关系

烟雾传感器的引脚	BCM 编码（T 型转接板）	物理引脚（BOARD 编码）	PCF8591 的引脚
DO	GPIO.0(17)		
AO			AIN0
VCC	3.3V	3.3V	VCC
GND	GND	GND	GND

表 3.35 有源蜂鸣器与树莓派 BCM 编码及物理引脚之间的关系

有源蜂鸣器的引脚	BCM 编码（T 型转接板）	物理引脚（BOARD 编码）
SIG	GPIO.1(18)	
VCC	3.3V	3.3V
GND	GND	GND

烟雾传感器的连线如图 3.108 所示，实物如图 3.109 所示。

2. 软件编写

在 book 目录下新建文件 ch3.7.10.py，代码如下：

```
#!/usr/bin/env python
```

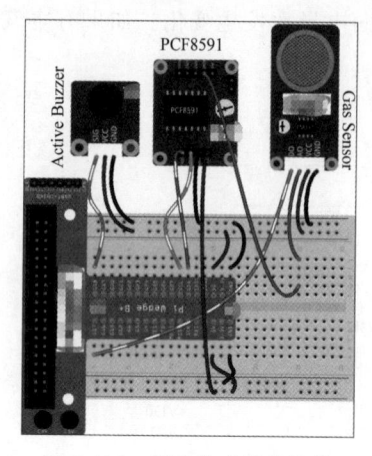

图 3.108　烟雾传感器的连线

图 3.109　烟雾传感器的实物

```
import PCF8591 as ADC
import RPi.GPIO as GPIO
import time
import math

DO=17
Buzz=18
GPIO.setmode(GPIO.BCM)

def setup():
    ADC.setup(0x48)
    GPIO.setup (DO,GPIO.IN)
    GPIO.setup (Buzz,GPIO.OUT)
    GPIO.output (Buzz,0)

def Print(x):
    if x==1:
        print('')
        print('   *********')
        print('   * Safe~ *')
        print('   *********')
        print('')
    if x==0:
        print('')
        print('   ***************')
        print('   * Danger Gas!*')
        print('   ***************')
        print('')

def loop():
    status=1
    count=0
    while True:
        print(ADC.read(0))

        tmp=GPIO.input(DO);
```

```python
            if tmp!=status:
                Print(tmp)
                status=tmp
            if status==0:
                count+=1
                if count%2==0:
                    GPIO.output(Buzz, 1)
                else:
                    GPIO.output(Buzz, 0)
            else:
                GPIO.output(Buzz, 0)
                count=0

            time.sleep(0.2)
def destroy():
    GPIO.output(Buzz, 0)
    GPIO.cleanup()

if __name__=='__main__':
    try:
        setup()
        loop()
    except KeyboardInterrupt:
        destroy()
```

运行程序,屏幕上将显示 0~255 的整数,可以通过转动模块上的电位器的轴来提高或降低浓度阈值。如果有害气体达到一定浓度,蜂鸣器会发出蜂鸣声,并且屏幕上会出现 Danger Gas!,如图 3.110 所示。

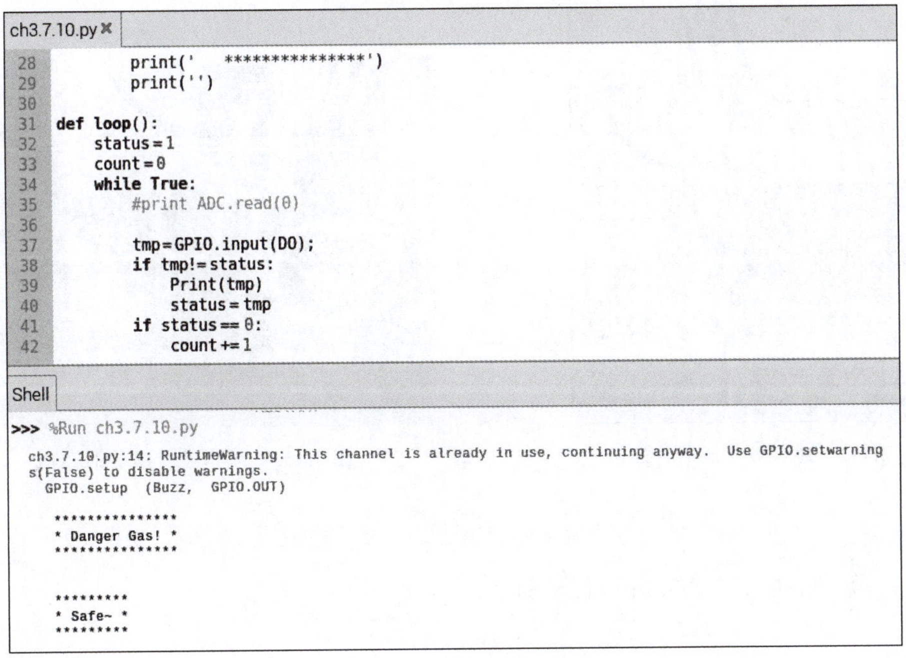

图 3.110　程序运行效果

如果运行时出现上述的 warning,可以忽略,也可以在程序中加上语句 GPIO.setwarnings(False)关闭 warning。

3.8 超声波传感器

如图 3.111 所示的超声波传感器通过发送声波,并计算声波返回超声波传感器所需的时间来工作,告诉物体相对于超声波传感器有多远,从而准确检测物体并测量距离。

1. 电路连接

树莓派的功能名、BCM 编码、物理引脚与超声波传感器引脚之间的关系如表 3.36 所示。

超声波传感器的连线如图 3.112 所示,实物如图 3.113 所示。

图 3.111 超声波传感器

表 3.36 树莓派与超声波传感器引脚之间的关系

功　能　名	BCM 编码(T 型转接板)	物理引脚(BOARD 编码)	超声波传感器引脚
GPIO.0	17	11	Trig
GPIO.1	18	12	Echo
5V	5V	5V	VCC
GND	GND	GND	GND

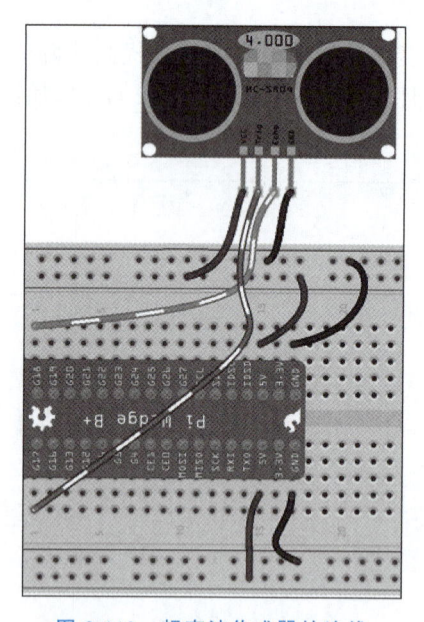

图 3.112 超声波传感器的连线

图 3.113 超声波传感器的实物

2. 软件编写

在 book 目录下新建文件 ch3.8.py,代码如下:

```python
#!/usr/bin/env python

import RPi.GPIO as GPIO
import time

TRIG=11
ECHO=12

def setup():
    GPIO.setmode(GPIO.BOARD)
    GPIO.setup(TRIG, GPIO.OUT)
    GPIO.setup(ECHO, GPIO.IN)

def distance():
    GPIO.output(TRIG, 0)
    time.sleep(0.000002)

    GPIO.output(TRIG, 1)
    time.sleep(0.00001)
    GPIO.output(TRIG, 0)


    while GPIO.input(ECHO)==0:
        a=0
    time1=time.time()
    while GPIO.input(ECHO)==1:
        a=1
    time2=time.time()

    during=time2-time1
    return during * 340/2 * 100

def loop():
    while True:
        dis=distance()
        print(dis, 'cm')
        print('')
        time.sleep(3)

def destroy():
    GPIO.cleanup()

if __name__=="__main__":
    setup()
    try:
        loop()
    except KeyboardInterrupt:
        destroy()
```

运行程序，移动超声波传感器前的物体，可以看到屏幕上显示的距离，如图 3.114 所示。

图 3.114　程序运行效果

3.9　旋转编码传感器

如图 3.115 所示的旋转编码传感器是一种机电装置，可以用作检测角度、速度、长度、位置和加速度的传感器。

图 3.115　旋转编码传感器

1. 电路连接

树莓派的功能名、BCM 编码、物理引脚与旋转编码传感器引脚之间的关系如表 3.37 所示。

表 3.37　树莓派与旋转编码传感器引脚之间的关系

功　能　名	BCM 编码（T 型转接板）	物理引脚（BOARD 编码）	旋转编码传感器的引脚
GPIO.0	17	11	CLK
GPIO.1	18	12	DT
GPIO.2	27	13	SW
5V	5V	5V	VCC
GND	GND	GND	GND

旋转编码传感器的连线如图 3.116 所示，实物如图 3.117 所示。

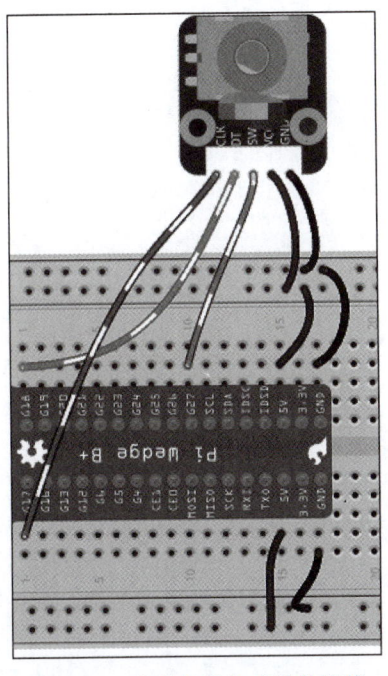

图 3.116　旋转编码传感器的连线　　　　图 3.117　旋转编码传感器的实物

2. 软件编写

在 book 目录下新建文件 ch3.9.py，代码如下：

```python
#!/usr/bin/env python
import RPi.GPIO as GPIO
import time

RoAPin=11
RoBPin=12
BtnPin=13

globalCounter=0

flag=0
Last_RoB_Status=0
Current_RoB_Status=0

def setup():
    GPIO.setmode(GPIO.BOARD)
    GPIO.setup(RoAPin, GPIO.IN)
    GPIO.setup(RoBPin, GPIO.IN)
    GPIO.setup(BtnPin, GPIO.IN, pull_up_down=GPIO.PUD_UP)


def rotaryDeal():
```

```python
        global flag
        global Last_RoB_Status
        global Current_RoB_Status
        global globalCounter
        Last_RoB_Status=GPIO.input(RoBPin)
        while(not GPIO.input(RoAPin)):
            Current_RoB_Status=GPIO.input(RoBPin)
            flag=1
        if flag==1:
            flag=0
            if (Last_RoB_Status==0) and (Current_RoB_Status==1):
                globalCounter=globalCounter+1
            if (Last_RoB_Status==1) and (Current_RoB_Status==0):
                globalCounter=globalCounter-1

def btnISR(channel):
    global globalCounter
    globalCounter=0

def loop():
    global globalCounter
    tmp=0

    GPIO.add_event_detect(BtnPin, GPIO.FALLING, callback=btnISR)
    while True:
        rotaryDeal()
        if tmp!=globalCounter:
            print('globalCounter=%d'%globalCounter)
            tmp=globalCounter

def destroy():
    GPIO.cleanup()

if __name__=='__main__':
    setup()
    try:
        loop()
    except KeyboardInterrupt:
        destroy()
```

运行程序,可以看到屏幕上显示的旋转编码传感器的角位移,顺时针转动时角位移增大,逆时针转动时角位移减小,如图 3.118 所示。

图 3.118　程序运行效果

3.10　陀螺仪加速度传感器

如图 3.119 所示的 MPU-6050 是世界上第一款专为智能手机、平板计算机、可穿戴设备设计的低功耗、低成本、高性能的 6 轴传感器。

图 3.119　陀螺仪加速度传感器

1. 电路连接

树莓派的功能名、BCM 编码与陀螺仪加速度传感器引脚之间的关系如表 3.38 所示。

表 3.38　树莓派与陀螺仪加速度传感器引脚之间的关系

功　能　名	BCM 编码（T 型转接板）	陀螺仪加速度传感器的引脚
SCL	SCL	SCL
SDA	SDA	SDA
5V	5V	VCC
GND	GND	GND

陀螺仪加速度传感器的连线如图 3.120 所示，实物如图 3.121 所示。

2. 软件编写

在 book 目录下新建文件 ch3.10.py，代码如下：

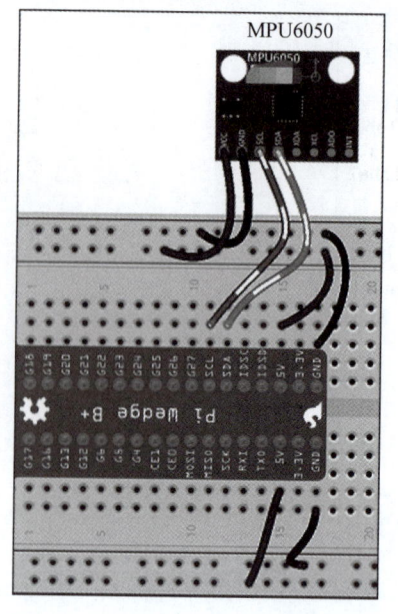

图 3.120　陀螺仪加速度传感器的连线

图 3.121　陀螺仪加速度传感器的实物

```
#!/usr/bin/python

import smbus
import math
import time

power_mgmt_1=0x6b
power_mgmt_2=0x6c

def read_byte(adr):
    return bus.read_byte_data(address, adr)

def read_word(adr):
    high=bus.read_byte_data(address, adr)
    low=bus.read_byte_data(address, adr+1)
    val=(high<<8)+low
    return val

def read_word_2c(adr):
    val=read_word(adr)
    if (val>=0x8000):
        return -((65535-val)+1)
    else:
        return val

def dist(a,b):
```

```python
        return math.sqrt((a*a)+(b*b))

def get_y_rotation(x,y,z):
    radians=math.atan2(x, dist(y,z))
    return -math.degrees(radians)

def get_x_rotation(x,y,z):
    radians=math.atan2(y, dist(x,z))
    return math.degrees(radians)


bus=smbus.SMBus(1)
address=0x68

bus.write_byte_data(address, power_mgmt_1, 0)

while True:
    time.sleep(0.1)
    gyro_xout=read_word_2c(0x43)
    gyro_yout=read_word_2c(0x45)
    gyro_zout=read_word_2c(0x47)

    print("gyro_xout : ", gyro_xout, " scaled: ", (gyro_xout / 131))
    print("gyro_yout : ", gyro_yout, " scaled: ", (gyro_yout / 131))
    print("gyro_zout : ", gyro_zout, " scaled: ", (gyro_zout / 131))

    accel_xout=read_word_2c(0x3b)
    accel_yout=read_word_2c(0x3d)
    accel_zout=read_word_2c(0x3f)

    accel_xout_scaled=accel_xout / 16384.0
    accel_yout_scaled=accel_yout / 16384.0
    accel_zout_scaled=accel_zout / 16384.0

    print("accel_xout: ", accel_xout, " scaled: ", accel_xout_scaled)
    print("accel_yout: ", accel_yout, " scaled: ", accel_yout_scaled)
    print("accel_zout: ", accel_zout, " scaled: ", accel_zout_scaled)

    print("x rotation: ", get_x_rotation(accel_xout_scaled, accel_yout_scaled, accel_zout_
        scaled))
    print("y rotation: ", get_y_rotation(accel_xout_scaled, accel_yout_scaled, accel_zout_
        scaled))

    time.sleep(0.5)
```

运行程序，使用 IIC 获取 MPU 6050 的三轴加速度传感器、三轴陀螺仪、XY 轴旋转的值，在屏幕上

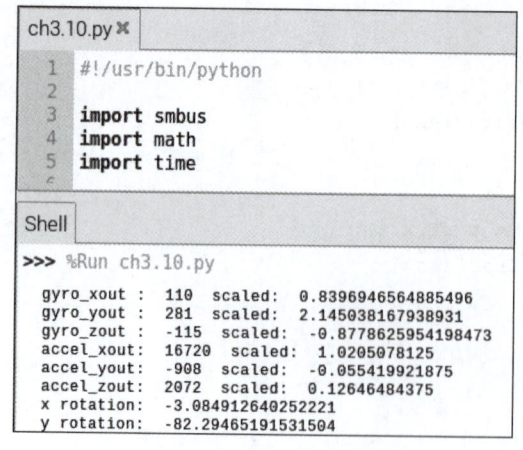

显示，如图3.122所示。

图3.122　程序运行效果

3.11　红外避障传感器

如图3.123所示，红外避障传感器主要由红外发射器、红外接收器和电位器组成。根据红外反射原理来检测障碍物，当前方没有物体时，发射的红外线会随着传播距离的增大而减弱并最终消失；当前方有物体阻挡并反射红外线时，红外接收器检测到该信号并确认前方存在障碍物。

1. 电路连接

树莓派的功能名、BCM编码与红外避障传感器引脚之间的关系如表3.39所示。

图3.123　红外避障传感器

表3.39　树莓派与红外避障传感器引脚之间的关系

功　能　名	BCM编码(T型转接板)	红外避障传感器的引脚
GPIO.0	GPIO.17	SIG
5V	5V	VCC
GND	GND	GND

红外避障传感器的连线如图3.124所示，实物如图3.125所示。

2. 软件编写

在book目录下新建文件ch3.11.py，代码如下：

```
#!/usr/bin/env python

import RPi.GPIO as GPIO
import time

ObstaclePin=11
```

图 3.124　红外避障传感器的连线

图 3.125　红外避障传感器的实物

```
def setup():
    GPIO.setmode(GPIO.BOARD)
    GPIO.setup(ObstaclePin, GPIO.IN, pull_up_down=GPIO.PUD_UP)

def loop():
    while True:
        if (0==GPIO.input(ObstaclePin)):
            print("Detected Barrier!")
            time.sleep(0.5)
        else:
            print("No Detected Barrier!")
            time.sleep(0.5)

def destroy():
    GPIO.cleanup()

if __name__=='__main__':
    setup()
    try:
        loop()
    except KeyboardInterrupt:
        destroy()
```

运行程序，前方有或无障碍物时，屏幕显示如图 3.126 所示（可以通过电位器调节红外避障传感器的检测距离）。

```
ch3.11.py ×
10
11  def loop():
12      while True:
13          if (0 == GPIO.input(ObstaclePin)):
14              print("Detected Barrier!")
15              time.sleep(0.5)
16          else:
17              print("No Detected Barrier!")
18              time.sleep(0.5)
```

```
Shell
>>> %Run ch3.11.py
Detected Barrier!
Detected Barrier!
Detected Barrier!
Detected Barrier!
No Detected Barrier!
No Detected Barrier!
No Detected Barrier!
No Detected Barrier!
No Detected Barrier!
Detected Barrier!
```

图 3.126　程序运行效果

3.12　循迹传感器

如图 3.127 所示的循迹传感器 CTRT5000 采用蓝色的 LED，通电后发出人眼看不见的红外线；传感器的黑色部分用于接收。当红外线照射到白色表面时，它们将被接收器反射和接收，引脚输出低电平；如果遇到黑色，它们将被吸收，这样接收器什么也得不到，引脚输出高电平。

1. 电路连接

树莓派的功能名、BCM 编码与循迹传感器引脚之间的关系如表 3.40 所示。

图 3.127　循迹传感器

表 3.40　树莓派与循迹传感器引脚之间的关系

功能名	BCM 编码（T 型转接板）	循迹传感器的引脚
GPIO.0	GPIO.17	SIG
5V	5V	VCC
GND	GND	GND

循迹传感器的连线如图 3.128 所示，实物如图 3.129 所示。

2. 软件编写

在 book 目录下新建文件 ch3.12.py，代码如下：

```
#!/usr/bin/env python

import RPi.GPIO as GPIO
import time
```

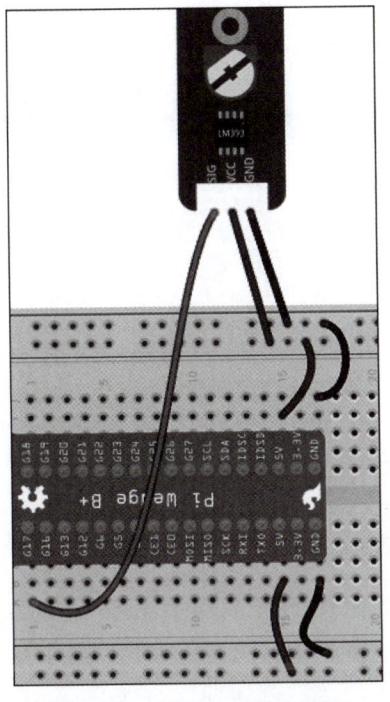

图 3.128 循迹传感器的连线

图 3.129 循迹传感器的实物

```
TrackPin=11
LedPin=12

def setup():
    GPIO.setmode(GPIO.BOARD)
    GPIO.setup(LedPin, GPIO.OUT)
    GPIO.setup(TrackPin, GPIO.IN, pull_up_down=GPIO.PUD_UP)
    GPIO.output(LedPin, GPIO.HIGH)

def loop():
    while True:
        if GPIO.input(TrackPin)==GPIO.LOW:
            print('White line is detected')
            time.sleep(0.5)
            GPIO.output(LedPin, GPIO.LOW)
        else:
            print('...Black line is detected')
            time.sleep(0.5)
            GPIO.output(LedPin, GPIO.HIGH)

def destroy():
    GPIO.output(LedPin, GPIO.HIGH)
```

```
        GPIO.cleanup()

if __name__=='__main__':
    setup()
    try:
        loop()
    except KeyboardInterrupt:
        destroy()
```

运行程序，分别检测到白纸和黑纸时的屏幕显示如图3.130所示。

图3.130　程序运行效果

3.13　数字温湿度传感器

如图3.131所示的数字温湿度传感器DHT11是一种复合传感器，包含一个电阻湿感元件和一个NTC温度测量设备，与一个高性能8位微控制器连接，接收40位的温湿度数据（8位湿度整数、8位湿度小数、8位温度整数、8位温度小数、8位校验和）。

图3.131　温湿度传感器

1. 电路连接

树莓派的功能名、BCM 编码与温湿度传感器引脚之间的关系如表 3.41 所示。

表 3.41 树莓派与温湿度传感器引脚之间的关系

功　能　名	BCM 编码（T 型转接板）	温湿度传感器的引脚
GPIO.0	GPIO.17	SIG
5V	5V	VCC
GND	GND	GND

温湿度传感器的连线如图 3.132 所示，实物如图 3.133 所示。

图 3.132 温湿度传感器的连线

图 3.133 温湿度传感器的实物

2. 软件编写

在 book 目录下新建文件 ch3.13.py，代码如下：

```python
#!/usr/bin/env python

import RPi.GPIO as GPIO
import time

DHTPIN=17

GPIO.setmode(GPIO.BCM)

MAX_UNCHANGE_COUNT=100
```

```python
STATE_INIT_PULL_DOWN=1
STATE_INIT_PULL_UP=2
STATE_DATA_FIRST_PULL_DOWN=3
STATE_DATA_PULL_UP=4
STATE_DATA_PULL_DOWN=5

def read_dht11_dat():
    GPIO.setup(DHTPIN, GPIO.OUT)
    GPIO.output(DHTPIN, GPIO.HIGH)
    time.sleep(0.05)
    GPIO.output(DHTPIN, GPIO.LOW)
    time.sleep(0.02)
    GPIO.setup(DHTPIN, GPIO.IN, GPIO.PUD_UP)

    unchanged_count=0
    last=-1
    data=[]
    while True:
        current=GPIO.input(DHTPIN)
        data.append(current)
        if last!=current:
            unchanged_count=0
            last=current
        else:
            unchanged_count+=1
            if unchanged_count>MAX_UNCHANGE_COUNT:
                break

    state=STATE_INIT_PULL_DOWN

    lengths=[]
    current_length=0

    for current in data:
        current_length+=1

        if state==STATE_INIT_PULL_DOWN:
            if current==GPIO.LOW:
                state=STATE_INIT_PULL_UP
            else:
                continue
        if state==STATE_INIT_PULL_UP:
            if current==GPIO.HIGH:
                state=STATE_DATA_FIRST_PULL_DOWN
```

```python
            else:
                continue
        if state==STATE_DATA_FIRST_PULL_DOWN:
            if current==GPIO.LOW:
                state=STATE_DATA_PULL_UP
            else:
                continue
        if state==STATE_DATA_PULL_UP:
            if current==GPIO.HIGH:
                current_length=0
                state=STATE_DATA_PULL_DOWN
            else:
                continue
        if state==STATE_DATA_PULL_DOWN:
            if current==GPIO.LOW:
                lengths.append(current_length)
                state=STATE_DATA_PULL_UP
            else:
                continue
    if len(lengths)!=40:
        print("Data not good, skip")
        return False

    shortest_pull_up=min(lengths)
    longest_pull_up=max(lengths)
    halfway=(longest_pull_up + shortest_pull_up)/2
    bits=[]
    the_bytes=[]
    byte=0

    for length in lengths:
        bit=0
        if length>halfway:
            bit=1
        bits.append(bit)
    print("bits: %s, length: %d" % (bits, len(bits)))
    for i in range(0, len(bits)):
        byte=byte<<1
        if (bits[i]):
            byte=byte|1
        else:
            byte=byte|0
        if ((i+1)%8==0):
            the_bytes.append(byte)
            byte=0
```

```python
        print(the_bytes)
        checksum=(the_bytes[0]+the_bytes[1]+the_bytes[2]+the_bytes[3])&0xFF
        if the_bytes[4]!=checksum:
            print("Data not good, skip")
            return False

        return the_bytes[0], the_bytes[2]

def main():
    print("Raspberry Pi wiringPi DHT11 Temperature test program\n")
    while True:
        result=read_dht11_dat()
        if result:
            humidity, temperature=result
            print("humidity: %s %%,  Temperature: %s C`" % (humidity, temperature))
        time.sleep(1)

def destroy():
    GPIO.cleanup()

if __name__=='__main__':
    try:
        main()
    except KeyboardInterrupt:
        destroy()
```

运行程序,检测到温湿度值的屏幕显示如图 3.134 所示。

图 3.134　程序运行效果

第 4 章　智能垃圾分类系统的设计与实现

近年来,垃圾分类制度在我国正不断普及。随着经济社会的发展以及人们对环保与可持续发展认识的深入,协助垃圾分类投放和管理的智能垃圾分类系统研究与实现已成为必然趋势。

本系统采用树莓派 4B 作为主控板,基于语音识别技术与垃圾分类知识,实现集语音识别、自动投放、溢满提醒、火情报警等功能于一体的智能垃圾分类系统。

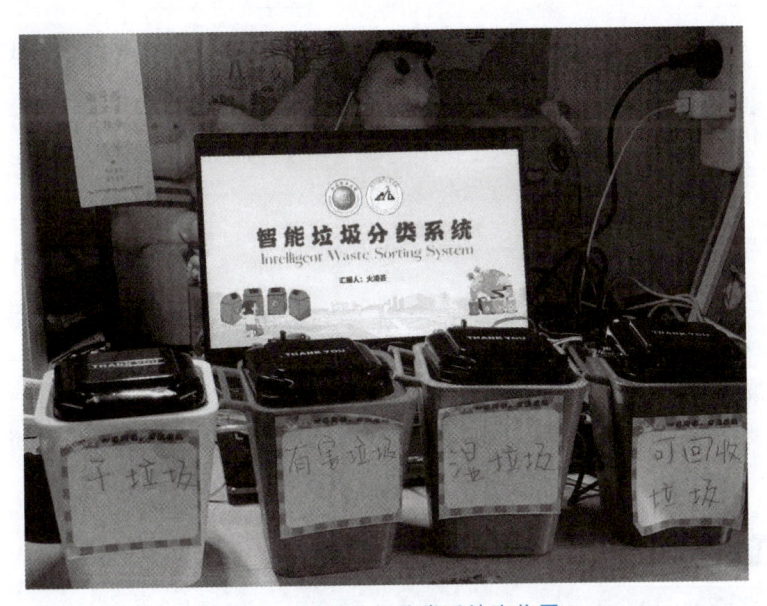

4.1　智能垃圾分类系统简介

智能垃圾分类系统共由智能投放模块、语音交互模块、满溢报警模块、火情报警模块构成,实物如图 4.1 所示。

图 4.1　智能垃圾分类系统实物图

本系统由 Raspberry Pi 4 Model B、4 个 SG90 伺服电动机、远红外火焰传感器和超声波传感器等组成,架构如图 4.2 所示。

系统垃圾名称库包含常见的生活垃圾,可识别的垃圾种类与垃圾名称如表 4.1 所示。

表 4.1　垃圾名称库

垃圾种类	垃圾名称
湿垃圾	剩菜、花卉、鸡蛋壳、过期食品、虾、中药、中药药渣、宠物饲料、矿物猫砂、纸质吸管、树叶、动物粪便、咖啡渣、猫粮、螺蛳壳、大闸蟹、可降解垃圾袋
干垃圾	塑料袋、大骨头、烟头、烟蒂、纸尿裤、旧毛巾、创可贴、橡皮泥、无汞电池、5 号干电池、7 号干电池、硅胶猫砂、水晶猫砂、卫生巾、贝壳、肥皂、暖宝宝、蜡烛、陶瓷、蚊香、冰宝贴、灭蚊灯、枯萎花草、口罩

续表

垃圾种类	垃圾名称
可回收垃圾	玻璃、金属、电路板、插座、报纸、泡沫塑料、酒瓶、易拉罐、刀具、旧衣服、塑料瓶、白炽灯、皮带、热水瓶、锡纸、充电线、插线板、电动牙刷、吸铁石、热水袋
有害垃圾	油漆、过期化妆品、灯管、药片、农药、水银温度计、X光胶片、杀虫剂、荧光棒、蓄电池、锂电池、纽扣电池、酒精、节能灯、日光灯、灯泡、医用棉签、注射器、胶卷底片、油画颜料、膏药、感冒药、眼药水

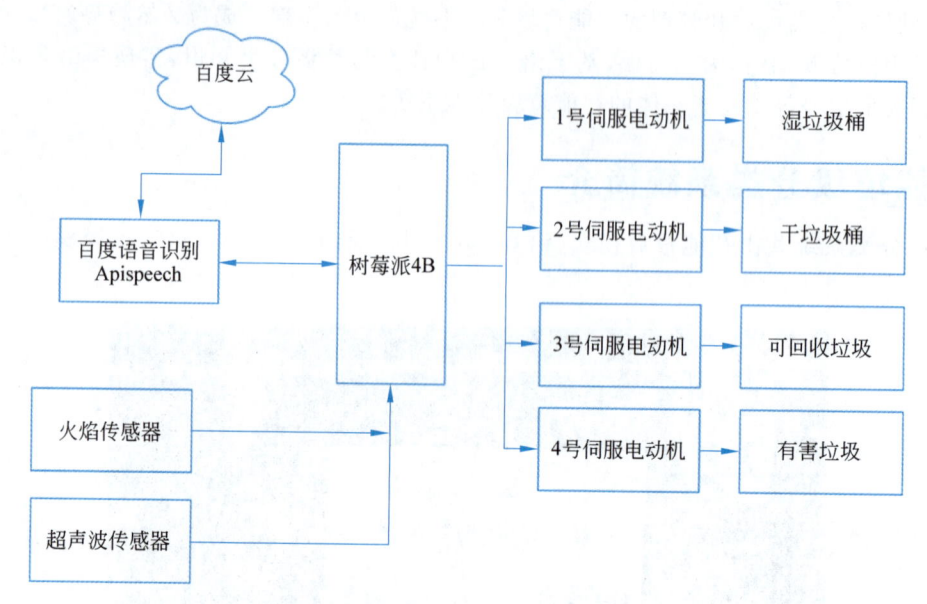

图 4.2 智能垃圾分类系统框架

库中包含极易被混淆的垃圾,如属于可回收垃圾的白炽灯、属于有害垃圾的日光灯和节能灯;属于湿垃圾的花卉、属于干垃圾的枯萎花草;以及疫情期间常见干垃圾的塑料袋、口罩,属于有害垃圾的水银温度计等。

4.2 智能投放模块

模块实现的功能是识别用户所说的垃圾名称。识别成功后开启对应的垃圾桶,并将其所属类别进行分析处理;若未识别成功,则继续进行识别。

该模块在树莓派 4B 上通过 Python 编程实现语音的录入、识别、分析,其中使用传声器进行语音输入并上传到百度云进行文字转换,再传回本地进行分析处理,通过 4 个 SG90 伺服电动机带动对应的垃圾桶盖开合。

4.2.1 智能投放模块架构

智能投放模块架构如图 4.3 所示。程序初始化后,主程序循环识别语音输入的内容:当识别到用户说出表 4.1 中具体的垃圾种类或是具体的垃圾名称时,树莓派向对应的伺服电动机发送相应的信息,控制与其连接的垃圾桶盖打开,并输出所属具体的垃圾种类;等待垃圾投放完毕后,树莓派主控版控制该垃圾盖对应的伺服电动机转动,关闭垃圾桶盖。

智能投放模块主要包括语音识别和机械控制两部分。

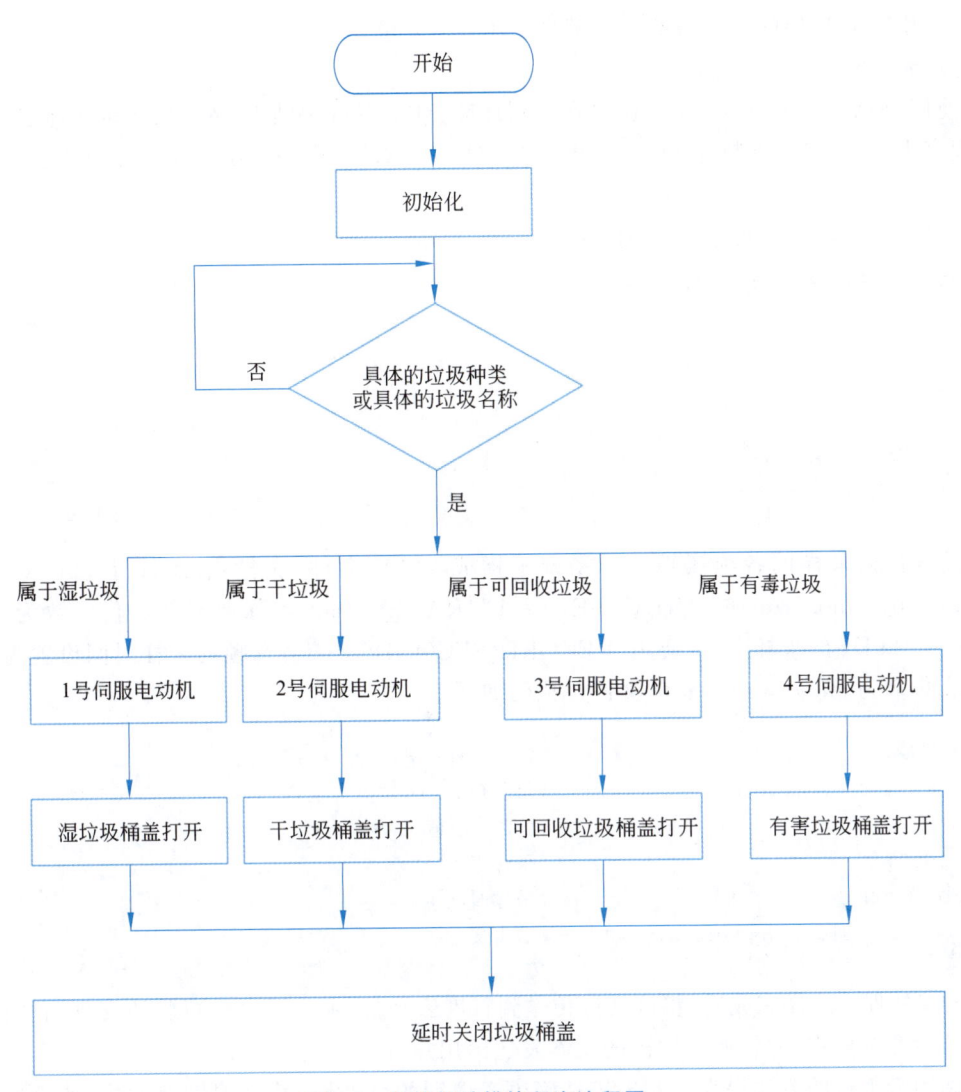

图 4.3 智能投放模块程序流程图

4.2.2 语音识别部分

语音识别的核心功能是将语音转化为可供计算机处理的信息,国内目前常见的语音识别技术大部分通过 LD3320 芯片实现。LD3320 语音识别芯片采用自动语音识别(ASR)技术,在芯片内部进行频谱分析并提取特征,达到语音识别的功能。在芯片中保存至多 50 条待识别语句的字符串进行识别,这个数量比常见垃圾数量少得多;同时其准确度不高,需经过多次识别才能提高准确度;最后连接到树莓派 4B 时会占用其所有引脚,不利于其他功能的拓展。

由于计算量、训练数据量极大,且需要大量并行运算,目前语音识别的模型训练基本都在云端进行。与传统语音识别相比较,云端语音识别在终端上只实现语音输入、降噪处理以及特征提取的功能,而转写引擎、语义理解和关键词提取则在云端实现。

根据以上分析,本系统的语音识别部分使用了百度智能云语音识别开放平台,需要注册百度智能云并获取 APIKEY,才能调用百度的语音识别函数。录制的声音文件采样率为 16kHz、16 位单声道、PCM 或 WAV 或 AMR 格式,时长必须小于 60s,超过该时长会返回错误。不论是在 PC 端的传声器,还是在树莓派上使用 USB 连接的传声器都可以满足上述采样要求。

实现步骤如下。

(1) 使用 PyAudio 和 wave 库搭建语音识别环境。PyAudio 库是跨平台的音频处理工具包,可以在 Python 程序中播放音频、录制音频、生成 WAV 文件。Wave 库是 Python 自带的标准库,一般可以直接调用,能够对 WAV 文件进行简单处理。

(2) 安装百度 AIP 库,即语音 Python 版 SDK。

(3) 安装可以把汉字转换为拼音的 xpinyin 包。

代码如下:

```python
import pyaudio
import wave
from aip import AipSpeech
from xpinyin import Pinyin
```

(4) 设置音频采样的各项属性。本系统采样成 WAV 文件,文件由 1024 个 chunk 组成。使用"FORMAT=pyaudio.paInt16""CHANNELS=1""RATE=16000"分别定义量化位数为 16 位、单声道、采样率为 16kHz 的采样方式;使用"RECORD_SECONDS=5"将音频的采样时间设置为 5s,采样完成后输出文件名为 audio.wav 的音频文件。代码如下:

```python
CHUNK=1024                                  #WAV 文件由若干个 chunk 组成
FORMAT=pyaudio.paInt16                      #量化位数,16 位进行录音
CHANNELS=1                                  #2 为双声道,1 为单声道
RATE=16000                                  #采样率 16kHz
RECORD_SECONDS=5                            #采样时间
WAVE_OUTPUT_FILENAME="audio.wav"            #输出文件名
```

(5) 云端处理。采样完成后,将该文件传送到百度云平台,由云平台完成将该文件内的语音转换为不带声调的拼音等操作,并将所识别出的文本发送给用户。

这种调用云平台的方法提高了实现较精确语音识别的可能性,并且识别速度快、使用便捷、成本较低,语音识别处理流程如图 4.4 所示。

系统开始识别时会在串口显示"∗开始录音……",识别过程中会显示"∗正在识别……",没有识别到声音时会显示"没有识别到语音",代码如下:

```python
def getBaiduText():
    p=pyaudio.PyAudio()

    stream=p.open(format=FORMAT,
        channels=CHANNELS,
        rate=RATE,
        input=True,
        frames_per_buffer=CHUNK)
```

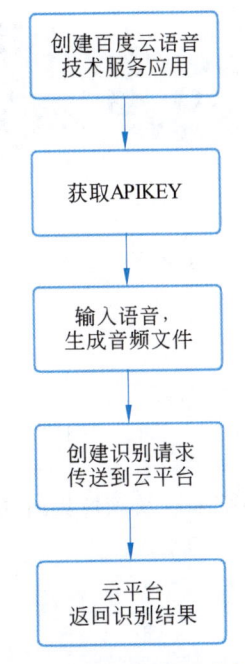

图 4.4　百度云语音识别流程图

```
stream.start_stream()
print("* 开始录音……")

frames=[]
for i in range(0, int(RATE / CHUNK * RECORD_SECONDS)):
    data=stream.read(CHUNK)
    frames.append(data)

stream.stop_stream()

wf=wave.open(WAVE_OUTPUT_FILENAME, 'wb')
wf.setnchannels(CHANNELS)
wf.setsampwidth(p.get_sample_size(FORMAT))
wf.setframerate(RATE)
wf.writeframes(b''.join(frames))

print("* 正在识别……")
result=client.asr(readFile('audio.wav'), 'wav', 16000, { 'dev_pid': 1537,})
print(result)
if result["err_no"]==0:
    for t in result["result"]:
        return t
else:
    print("没有识别到语音\n")
    return ""
```

在树莓派端的运行情况如图 4.5 所示。

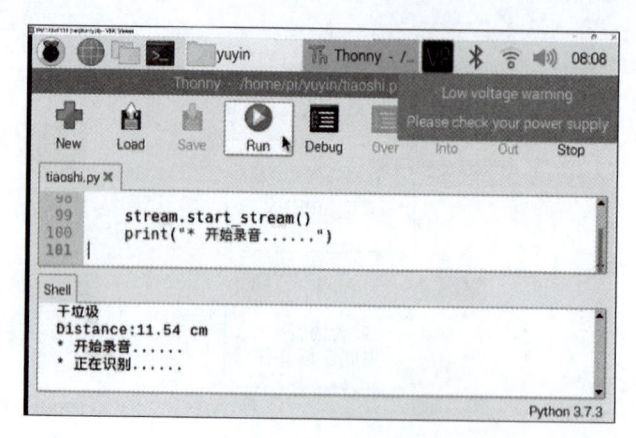

图 4.5　语音识别效果

识别成功后在串口打印出语音识别的结果以及该垃圾所属的类别。以湿垃圾花卉为例,代码如下:

```
ifgetPinYin("花卉") in pinyin:
    print("湿垃圾")
```

当用户说"我要扔花卉",系统在串口打印出识别出的语句,以及其所属的类别"湿垃圾",运行结果如图 4.6 所示。

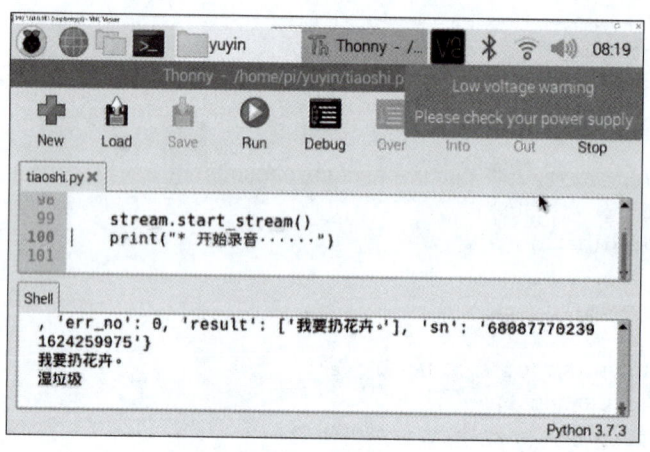

图 4.6　语音识别输出打印效果

主程序相关部分代码如下:

```
def main():
    while True:
        result=getBaiduText()
        pinyin=getPinYin(result)
            print(result)
```

4.2.3　机械控制部分

目前国内智能垃圾分类系统有以下两种机械控制方式。

第一种方式将垃圾桶分为4部分,投放口打开后投入垃圾至分类云台上,识别完成后,云台倾斜使垃圾倒入其所属的分类桶中。

第二种方式在垃圾桶内设置一个四等分的可旋转内桶,并使用一个投放口,待投放的所属垃圾桶上方会有缺口,通过垃圾桶盖下的固定盘、转盘等结构,将投入的垃圾旋转至其中。

以上两种垃圾桶的机械结构较为复杂,云台的面积有限,一次只能投放少量的垃圾,投放效率不高,且桶内的设计不利于清洁人员进行垃圾的清运工作。

综合考虑后,本系统使用4个SG90伺服电动机连接垃圾桶盖,机械结构简单,不限制投入垃圾的数量与重量,也不影响垃圾的清运。

系统使用的伺服电动机有3根线,分别为褐色GND接地线、红色VCC电源线、黄色SIG信号线,其外观如图4.7所示。

图 4.7 SG90伺服电动机外观图

伺服电动机通过接受周期为20ms的脉宽调制信号(PWM信号),形成偏置电压并输出至伺服电动机驱动芯片上,决定转动方向。当伺服电动机转速恒定时,通过减速齿轮带动电位器转动,且当两者电压差输出为0时伺服电动机停止转动。输入信号的脉宽与相对应的伺服电动机转角对应关系如图4.8所示。

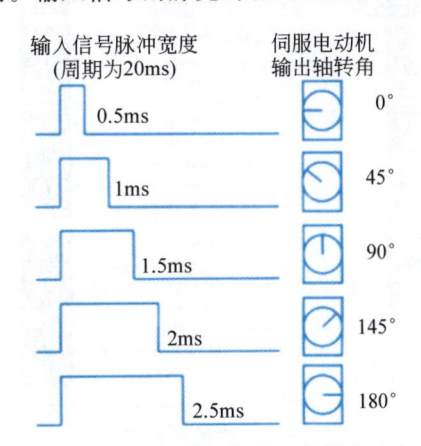

图 4.8 SG90伺服电动机转角与输入信号脉冲宽度关系图

伺服电动机被设置在垃圾桶身的后部,如图4.9箭头所示,打开时的情形如图4.10所示。

伺服电动机的一端连接垃圾桶的盖子,另一端连接树莓派主控板,树莓派的引脚如图4.11所示。

根据树莓派的引脚图可以看到树莓派引脚的具体信息,伺服电动机有3根线,分别为红色、灰色和橘黄色。其中红色VCC连接树莓派上的5V直流电源,灰色的用于将GND连接树莓派上的GND,橘黄色的是数据线,用于将干垃圾伺服电动机数据线连接树莓派GPIO17引脚,湿垃圾伺服电动机数据线连接树莓派GPIO27引脚,可回收伺服电动机数据线连接树莓派GPIO22引脚,有害垃圾伺服电动机数

图 4.9　SG90 伺服电动机位置图

图 4.10　垃圾桶盖打开图

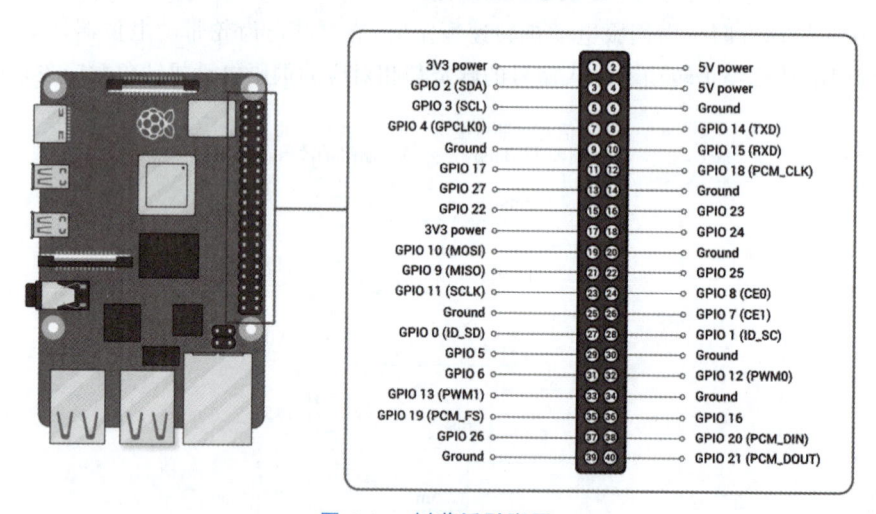

图 4.11　树莓派引脚图

据线连接树莓派 GPIO23 引脚，如图 4.12 所示。

树莓派控制伺服电动机的代码如下：

```
def setServoAngle(servo, angle):
    assert angle>=30 and angle<=70
    pwm=GPIO.PWM(servo, 50)
    pwm.start(8)
```

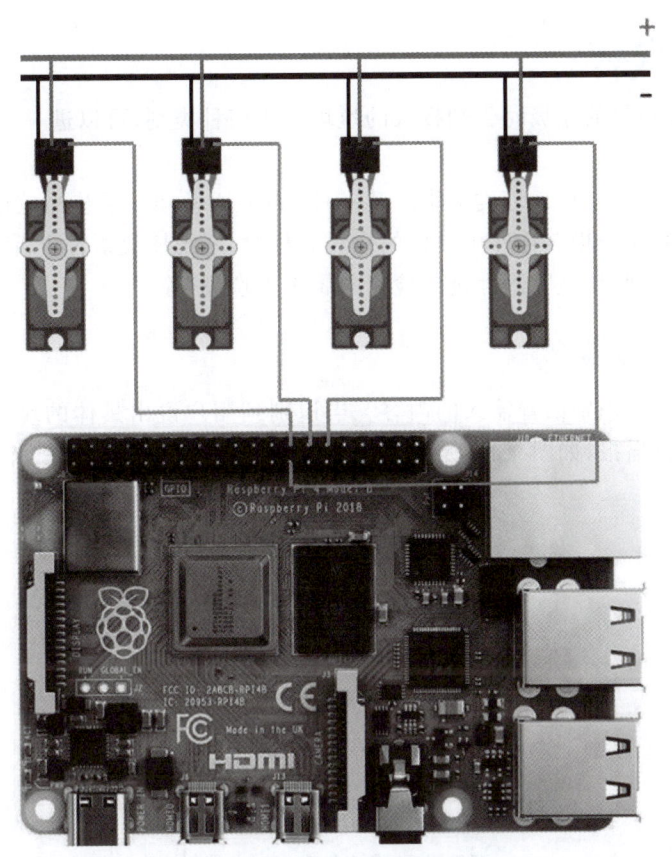

图 4.12　树莓派连接伺服电动机图

```
dutyCycle=angle/18.+3.
pwm.ChangeDutyCycle(dutyCycle)
sleep(0.3)
pwm.stop()
```

按照图 4.12,将 4 个伺服电动机的正负极进行合并,连接到树莓派上;也可以通过伺服电动机扩展板将伺服电动机连接到树莓派上,实物连线如图 4.13 所示。

图 4.13　伺服电动机与树莓派伺服电动机扩展板连线图

4.3 语音交互模块

语音交互模块在用户投放垃圾时告知投入的垃圾属于何种类别,可以进一步普及垃圾分类知识,协助公众进行垃圾分类。

模块在识别到用户说出 4 种垃圾类别中的某一种(如干垃圾)时,系统播放语音"干垃圾桶已打开"等等;识别到用户说出系统垃圾名称库中具体的垃圾名称时,系统播放语音告诉用户该垃圾属于何种垃圾,例如"电路板属于可回收垃圾""阴性抗原检测卡属于干垃圾"等。

4.3.1 语音交互模块架构

初始化后,主程序循环识别语音输入的内容。当识别到用户说出具体的垃圾种类或具体的垃圾名称时,会进行对应的语音播报,如图 4.14 所示。

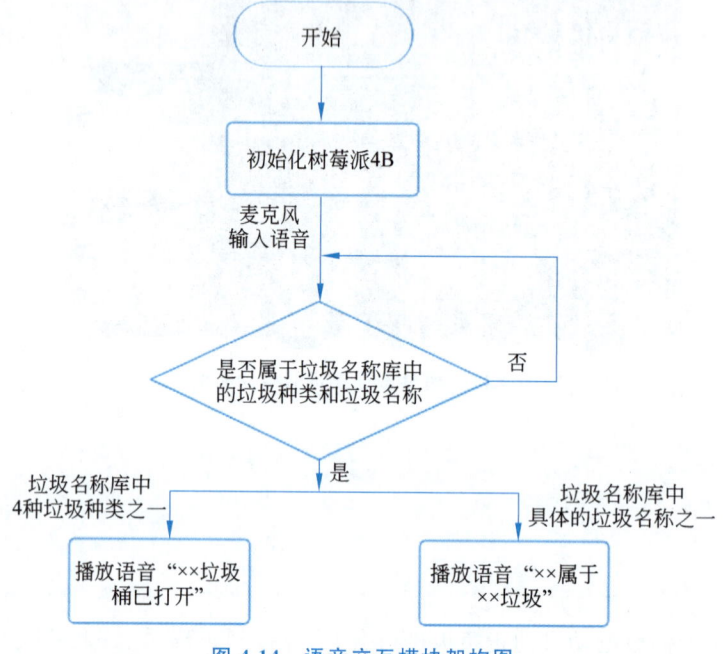

图 4.14 语音交互模块架构图

4.3.2 语音交互模块实现

本模块利用 Siri 的朗读功能进行录制,以 m4a 格式保存在程序的同一文件夹下。该部分需要在代码的最开始调用,代码如下:

```
import os
from os import system
```

识别成功后,使用 os.system() 打开相应的音频文件进行播放。以干垃圾中的部分具体垃圾为例,部分代码如下:

```python
def wakeUp(result,pinyin):
    if getPinYin("干垃圾") in pinyin:
        print("干垃圾")
        os.system('ganlaji.m4a')
        Residual_Waste()
    if getPinYin("塑料袋") in pinyin:
        print("干垃圾")
        os.system('suliaodai.mp3')
        Residual_Waste()
    if getPinYin("大骨头") in pinyin:
        print("干垃圾")
        os.system('dagutou.m4a')
        Residual_Waste()
    if getPinYin("烟头") in pinyin:
        print("干垃圾")
        os.system('yantou.m4a')
        Residual_Waste()
```

主程序相关代码如下：

```python
def main():
    while True:
        wakeUp(result,pinyin)
```

4.4 满溢报警模块

在没有工作人员监管的情况下，可能会出现垃圾桶内垃圾过多的情况。若没有及时清运，会导致垃圾满溢，影响投放效率。为便于投放管理，避免散发异味和细菌传播，系统设置了满溢报警模块，提醒清洁人员尽快到投放点位清运垃圾。

本模块的功能为，利用超声波传感器识别垃圾桶内的剩余空间，当其小于预设值时，启动满溢报警，立刻向工作人员发送邮件进行报警。

4.4.1 满溢报警模块架构

初始化后，主程序循环检测超声波传感器两引脚的数据，即检测超声波传感器与垃圾桶桶底的距离，并将测距结果在串口输出，当距离小于5cm时，调用SMTP服务向工作人员发送邮件进行报警。系统架构如图4.15所示。

4.4.2 满溢报警模块实现

满溢模块包括满溢检测与邮件报警两部分。

1. 满溢检测

该部分功能通过超声波传感器实现。

超声波传感器包含3部分：超声波发射器、接收器、控制电路。其中Trig引脚用于控制发射超声波信号，Echo引脚用于接收返回的超声波信号。该传感器的特征为指向性强、能耗低。其外观如图4.16

所示。

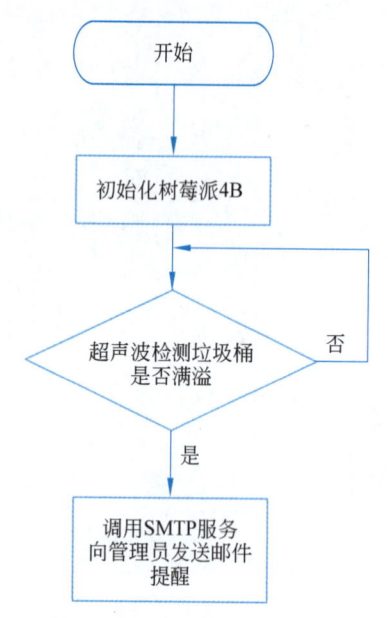

图 4.15 满溢报警模块架构图

图 4.16 超声波传感器外观图

超声波传感器的工作流程如下。

(1) 树莓派 GPIO 口触发 Trig 测距,发出 10μs 以上的高电平信号。

(2) 模块自动发送 8 个 40kHz 的方波,自动检测是否有信号返回。

(3) 若有信号返回,则通过 GPIO 输出一个高电平,通过定时器计算高电平持续的时间。

测距公式如下:距离=(start−end)×声波速度/2。其传播的速度为 340m/s。由于声波经历了两段相等的测试距离因此需要除以 2。

在垃圾桶内与桶口齐平的位置安装超声波传感器,超声波测距部分在本系统中被定义为 checkdist 函数,Trig 引脚连接在树莓派 4B 的 20 引脚上,Echo 引脚连接在树莓派 4B 的 21 引脚上,定义与测距部分代码如下:

```
Trig_Pin=20
Echo_Pin=21
GPIO.setmode(GPIO.BCM)
GPIO.setup(Trig_Pin, GPIO.OUT, initial=GPIO.LOW)
GPIO.setup(Echo_Pin, GPIO.IN)
time.sleep(2)

def checkdist():
    GPIO.output(Trig_Pin, GPIO.HIGH)
    time.sleep(0.00015)
    GPIO.output(Trig_Pin, GPIO.LOW)
    while not GPIO.input(Echo_Pin):
        pass
    t1=time.time()
```

```
while GPIO.input(Echo_Pin):
    pass
t2=time.time()
return (t2-t1) * 340 * 100/2
```

2. 邮件报警

目前,国内满溢检测报警,不论是屏幕提示,还是点亮信号灯或语音提醒都需要有人监管。本系统中的报警部分使用了邮件报警,在无人监管的情况下,也可以向工作人员发出警报,提醒其尽快赶到投放点位进行垃圾清运的工作。

邮件报警部分调用了网易邮箱的 SMTP(simple mail transfer protocol,简单邮件传送协议),当测得距离小于 4cm 时,会向相关工作人员发送满溢报警的邮件。

首先在网易邮箱获取 SMTP 服务的授权码,其次需要在代码的最开始调用相关库,包括邮件发送、构建邮件内容、构建邮件头,代码如下:

```
import smtplib
from email.mime.text import MIMEText
from email.header import Header
```

定义发件人邮箱、收件人邮箱、SMTP 授权码、邮件主题等的代码如下:

```
def email1():                                                #满溢
    sender='SUEPhly@163.com'
    receiver='SUEPhly@163.com'
    subject='Rubbish Bin Is Full!'
    smtpserver='smtp.163.com'
    username='SUEPhly@163.com'
    password='CIWZIQWDBDUSAPDQ'
    msg=MIMEText('你好','text','utf-8')                      #中文需参数'utf-8',单字节字符不需要
    msg['Subject']=Header(subject, 'utf-8')
    smtp=smtplib.SMTP()
    smtp.connect('smtp.163.com')
    smtp.login(username, password)
    smtp.sendmail(sender, receiver, msg.as_string())
    smtp.quit()
```

主程序部分将"Distance:测距结果"打印到串口,主程序中的相关代码如下:

```
def main():
    while True:
        print('Distance:%0.2f cm' %checkdist())
        if checkdist()<=5:
            email1()
        time.sleep(1)
```

代码运行后的实际情况如图 4.17 所示,串口打印出此时可回收垃圾桶内剩余的空间为 3.03cm。

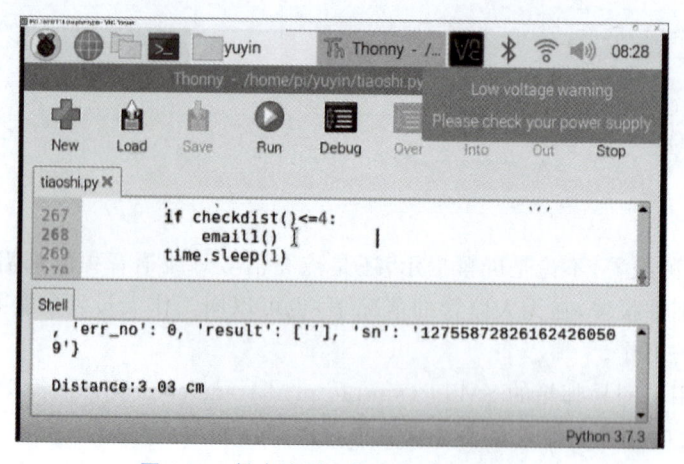

图 4.17 超声波测距部分程序运行效果

4.5 火情报警模块

垃圾箱中的干垃圾和有害垃圾需要远离火源,当垃圾箱处于没有工作人员监管的环境时,为了在火灾发生时及时遏制火情,在系统检测到火焰后必须立即向工作人员报警,使其及时赶到现场救火。

本模块的功能为,在垃圾桶口处安装远红外火焰传感器,当检测到火焰时,启动火情报警,即立刻向工作人员发送邮件进行报警。

4.5.1 火情报警模块架构

初始化后,主程序循环检测火焰传感器引脚的数据,即是否有火焰。当检测到火焰时,调用 SMTP 服务向工作人员发送邮件进行报警,如图 4.18 所示。

4.5.2 火情报警模块实现

1. 火情检测

复燃的烟头可点燃垃圾桶内其他可燃物,并随着风势不断蔓延、吞噬附近的草坪、树木等,造成严重后果。

智能垃圾分类系统的火情检测部分使用远红外火焰传感器实现。远红外火焰传感器对波长 880nm 的红外线最敏感,远红外探头能够将外界红外光线的强度转换为电流变化,并将其转换为数字量。红外线的强度越大,则数字量越大;红外线的强度越小,则数字量越小。远红外火焰传感器外观如图 4.19 所示。

该传感器有电源线、DO、接地线共 3 个引脚,当 DO 引脚的数据为 0 时,表明检测到火焰。远红外火焰传感器的原理图如图 4.20 所示。

系统中 DO 引脚连接到树莓派 4B 的引脚 24 上,该部分代码如下。

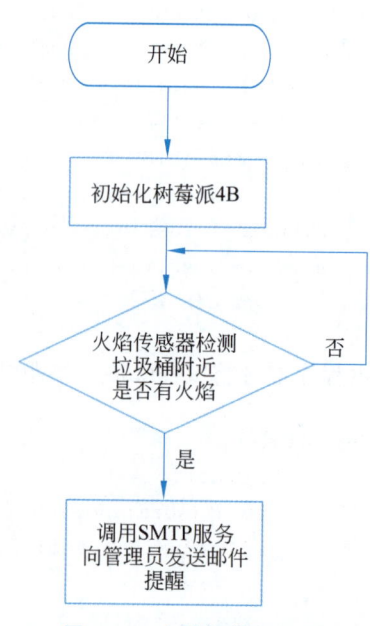

图 4.18 火情报警架构图

图 4.19 火焰传感器

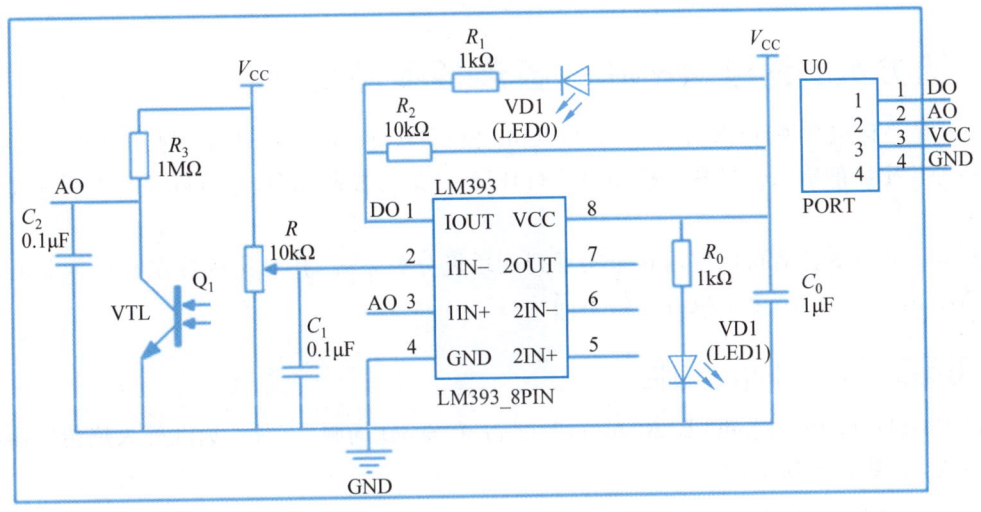

图 4.20 火焰传感器原理图

```
pin_fire=24
GPIO.setmode(GPIO.BCM)
GPIO.setup(pin_fire, GPIO.IN, pull_up_down=GPIO.PUD_DOWN)
```

2. 邮件提醒

当 DO 引脚的数据为 0，即检测到火焰时，在串口打印出"检测到火灾"，同时向相关工作人员发出火情报警的邮件。代码运行实际情况如图 4.21 所示，串口打印"检测到火灾"。

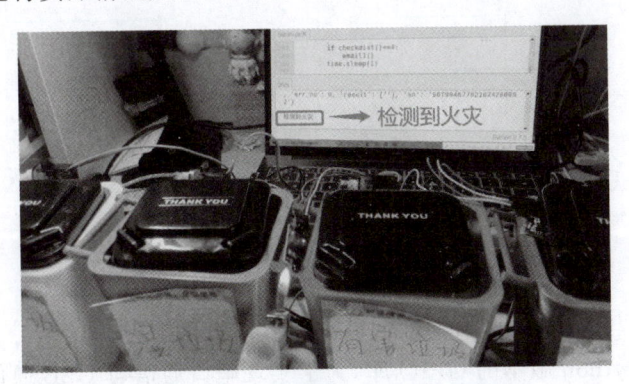

图 4.21 火情报警程序运行效果图

其调用方法与满溢报警部分类似，在主程序中的代码如下：

```
def main():
    while True:
        status=GPIO.input(pin_fire)
        if status==False:
            print('检测到火灾')
            email()
        time.sleep(0.5)
```

4.6 可选方案：通过 Arduino 板连接伺服电动机

Arduino 是一种包含硬件（各种型号的 Arduino 板）和软件（Arduino IDE）的开源电子平台，它可以接收来自各种传感器的输入信号从而检测出运行环境，并通过控制光源、电机以及其他驱动器来影响其周围环境。

有 Arduino 基础的读者可以使用它来实现智能垃圾分类系统，并对比树莓派直连伺服电动机与树莓派通过 Arduino 连接伺服电动机方案的不同特点。

4.6.1 树莓派与 Arduino 通信

系统由 Raspberry Pi 4 Model B、Arduino Uno、4 个 SG90 伺服电动机、远红外火焰传感器和超声波传感器等组成，如图 4.22 所示。

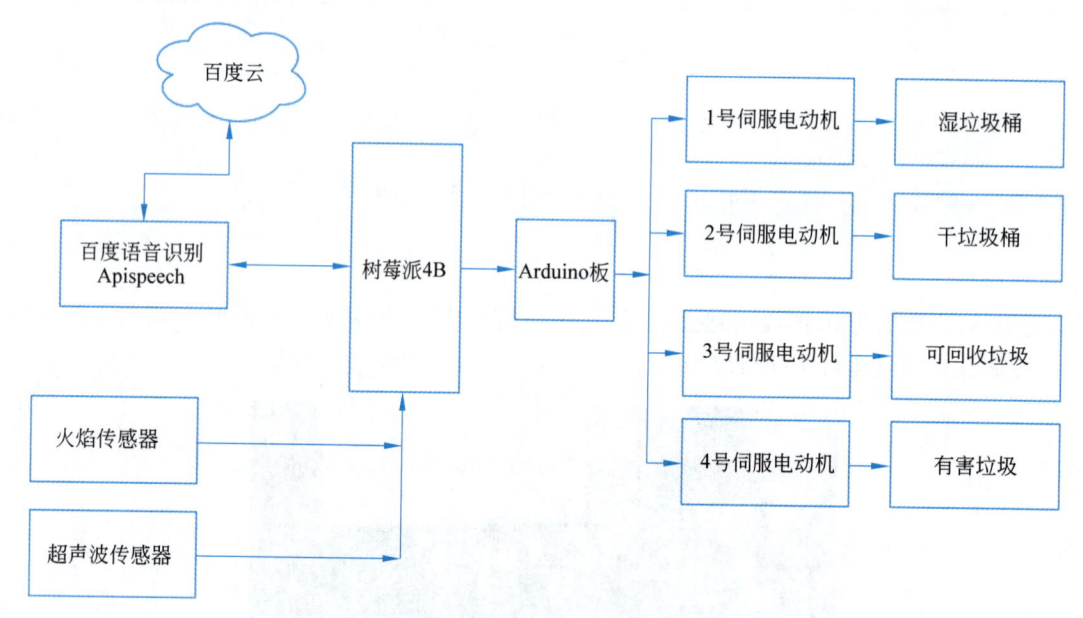

图 4.22 通过 Arduino 控制伺服电动机系统图

首先搭建树莓派 4B 与 Arduino Uno 通信所需的环境，方法如下。

（1）在官网中下载 Python 版本的 GPIO 库，为了实现串口通信与 USB 通信，需安装 serial 模块。

（2）使用 USB 线连接树莓派和 Arduino Uno 两块板卡，如图 4.23 所示。

（3）在树莓派 4B 终端键入"ls /dev/tty *"指令列出端口名称。检查是否有名为/dev/ttyACM0 的端口，如有说明可以进行通信，如图 4.24 所示。

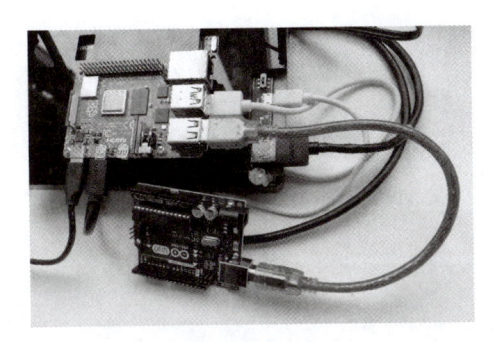

图 4.23　连接树莓派 4B 与 Arduino Uno

图 4.24　检查端口

（4）分别在树莓派 4B 和 Arduino Uno 中编写代码，并在树莓派终端运行程序测试通信情况。

测试方法为，树莓派 4B 使用 ser.write()向串口发送数据"1"，Arduino Uno 端使用 Serial.available()读取是否接收到了数据。值大于 0 时表明收到了数据，然后使用 Serial.read()读取所收到数据的内容。若收到数据内容为"1"，则使用 Serial.printIn()向树莓派 4B 端发送"ok"，树莓派 4B 端接收到"ok"信息后在串口输出"收到"二字。

树莓派 4B 中相关代码如下：

```
import serial
ser=serial.Serial('/dev/ttyACM0', 9600,timeout=1);
def wakeUp(result,pinyin):
    if getPinYin("干垃圾") in pinyin:
        ser.write('2'.encode());
```

Arduino Uno 端的相关代码如下：

```
int incomedate=0;

void setup()
{
    Serial.begin(9600);
}

void loop()
```

```cpp
{
    while (Serial.available()>0)            //串口接收到数据
    {
        incomedate=Serial.read();
        if (incomedate=='2'){                //干垃圾
            open();
            incomedate=0;
        }
        else if (incomedate=='1'){
            Serial.print("shilaji");
            open_2();
            incomedate=0;
        }
        else if (incomedate=='3'){
            Serial.print("kehuishoulaji");
            open_3();
            incomedate=0;
        }
        else if (incomedate=='4'){
            Serial.print("youhailaji");
            open_4();
            incomedate=0;
        }
    }
}
```

作为测试,在树莓派端编写 test.py 运行,显示"ok"和"收到"时表明通信成功,如图 4.25 所示。至此树莓派与 Arduino 通信所需环境搭建完毕。

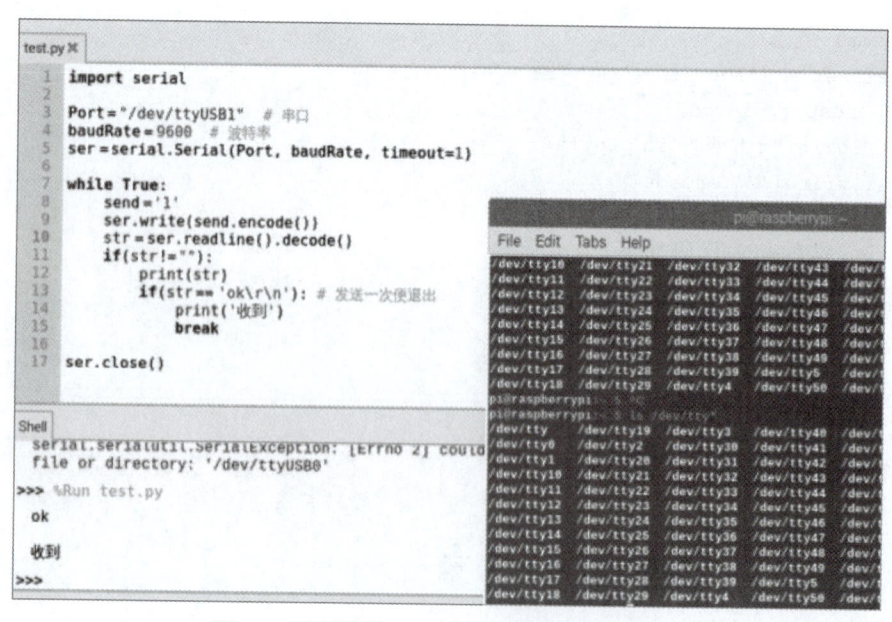

图 4.25 树莓派与 Arduino 通信环境搭建成功

4.6.2 Arduino 与伺服电动机通信

每个伺服电动机分别有 3 根线:红色的用于将 VCC 连接 Arduino 上的 5V 电源,灰色的用于将 GND 连接 Arduino 上的 GND,湿垃圾桶上橘黄色数据线用于连接 Arduino 板上的 8 引脚,干垃圾桶上橘黄色数据线用于连接 Arduino 板上的 7 引脚,可回收垃圾桶上橘黄色数据线用于连接 Arduino 板上的 5 引脚,有害垃圾桶上橘黄色数据线用于连接 Arduino 板上的 6 引脚。Arduino 电路原理图和 Arduino 仿真连接图如图 4.26 和图 4.27 所示。

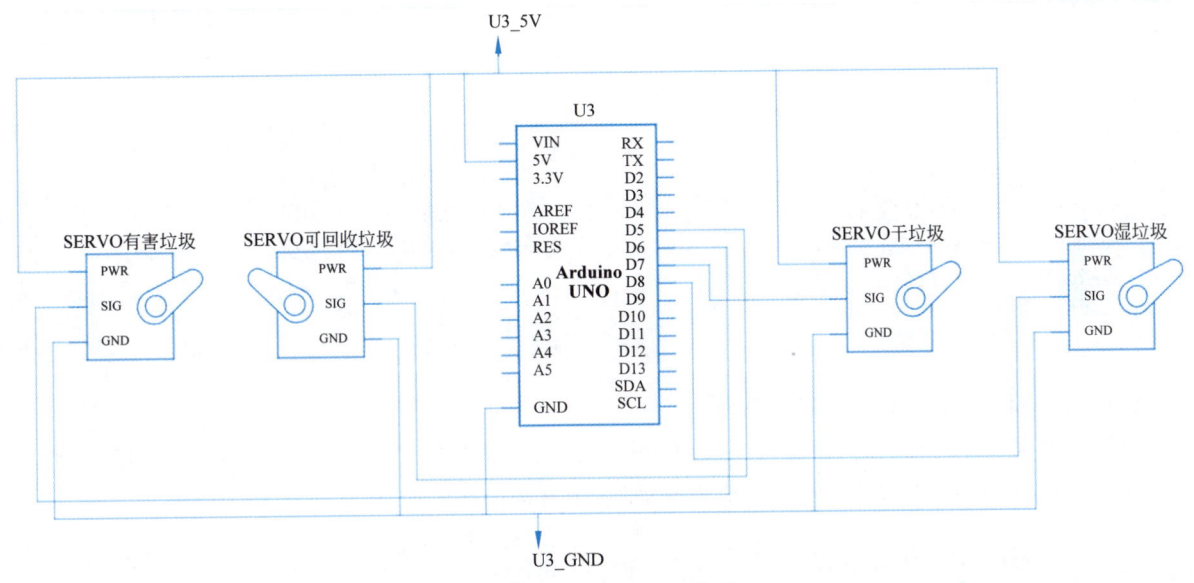

图 4.26 Arduino 电路原理图

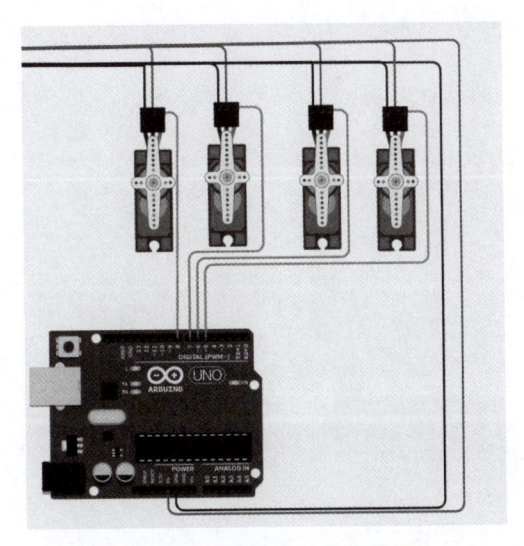

图 4.27 Arduino 仿真连接图

1. Arduino 伺服电动机的控制代码

使用 Servo.myServo 创建伺服电动机并进行编号,再使用 myServo.attach() 定义其连接的引脚编

号,并定义串口的波特率为 9600 波特(baud),代码如下:

```
#include<Servo.h>
Servo myServo;                    //创建 myServo(我的伺服电动机)
Servo myServo2;                   //创建 myServo2(我的伺服电动机)
Servo myServo3;                   //创建 myServo3(我的伺服电动机)
Servo myServo4;                   //创建 myServo4(我的伺服电动机)

int incomedate=0;

void setup()
{
  myServo.attach(8);              //伺服电动机接在 8 号引脚
  myServo2.attach(7);             //伺服电动机接在 7 号引脚
  myServo3.attach(5);             //伺服电动机接在 5 号引脚
  myServo4.attach(6);             //伺服电动机接在 6 号引脚
  Serial.begin(9600);
}
```

2. 树莓派向 Arduino Uno 发送指令

当语音识别到垃圾种类时,树莓派向 Arduino Uno 发送信息"1""2""3""4",分别对应湿垃圾桶、干垃圾桶、可回收垃圾桶、有害垃圾桶上的伺服电动机,树莓派的代码如下:

```
if getPinYin("剩菜") in pinyin:
    print("湿垃圾")
    os.system('shengcai.m4a')
    ser.write('1'.encode());

if getPinYin("大骨头") in pinyin:
    print("干垃圾")
    os.system('dagutou.m4a')
    ser.write('2'.encode());

if getPinYin("玻璃") in pinyin:
    print("可回收垃圾")
    os.system('boli.m4a')
    ser.write('3'.encode());

if getPinYin("过期化妆品") in pinyin:
    print("有害垃圾")
    os.system('guoqihuazhuangpin.m4a')
    ser.write('4'.encode());
```

3. Arduino 接收信息并发送指令

Arduino Uno 程序中设置了一个中间变量 incomedate,其值为所接收到的树莓派数据,根据数据控

制相应的伺服电动机转动打开垃圾桶盖,其中的核心接收代码如下:

```
int incomedate=0;
while (Serial.available()>0)            //串口接收到数据
{
    incomedate=Serial.read();
    if (incomedate=='2'){                //干垃圾
        open();
        incomedate=0;
    }
}
```

4. 伺服电动机控制垃圾桶盖

伺服电动机的控制函数分别控制不同的引脚,桶盖打开停留数秒后,伺服电动机转回使其关闭,中间变量清空为 0,以便接收下一次数据。其中,干垃圾桶的代码如下:

```
void open(){                             //打开盖子函数
    for (int i=100;i<=200;i++){
      myServo.write(i);
      delay(10);
      }
    delay(3000);
    for (int i=200;i>=100;i--){
      myServo.write(i);
      delay(5);
      }
    delay(100);
    digitalWrite(9,LOW);
    delay(6000);
}
```

参 考 文 献

[1] BRADBURY A.树莓派 Python 编程指南[M].北京：机械工业出版社,2015.
[2] 贺雪晨,仝明磊,谢凯年,等.智能家居设计：树莓派上的 Python 实现[M].北京：清华大学出版社,2020.
[3] 贺雪晨,孙锦中,刘丹丹,等.树莓派智能项目设计：Raspberry Pi 4 Model B 上的 Python 实现[M].北京：清华大学出版社,2021.